全球环境基金水资源与水环境综合管理主流化项目国内推广成果

生态环境部对外合作与交流中心
中国灌溉排水发展中心 著

上海大学出版社
·上海·

图书在版编目(CIP)数据

全球环境基金水资源与水环境综合管理主流化项目国内推广成果 / 生态环境部对外合作与交流中心，中国灌溉排水发展中心著. —上海：上海大学出版社，2021.12

ISBN 978-7-5671-4439-2

Ⅰ. ①全… Ⅱ. ①生… ②中… Ⅲ. ①水资源管理—中国 Ⅳ. ①TV213.4

中国版本图书馆 CIP 数据核字(2021)第 263903 号

责任编辑 王悦生
封面设计 柯国富
技术编辑 金 鑫 钱宇坤

全球环境基金水资源与水环境综合管理主流化项目国内推广成果

生态环境部对外合作与交流中心
中国灌溉排水发展中心 著

上海大学出版社出版发行
（上海市上大路 99 号 邮政编码 200444）
（http://www.shupress.cn 发行热线 021-66135112）
出版人 戴骏豪

*

南京展望文化发展有限公司排版
广东虎彩云印刷有限公司印刷 各地新华书店经销
开本 787mm×1092mm 1/16 印张 10.25 字数 178 千
2021 年 12 月第 1 版 2021 年 12 月第 1 次印刷
ISBN 978-7-5671-4439-2/TV·4 定价 78.00 元

本书编委会

前　　言

中国渤海是黄海的大型浅水港湾，而黄海与太平洋相连。这些水体之间存在共同的物理联系和生物联系，因此，它们之间的连接非常重要。为了缓解渤海环境质量退化问题，2015 年，在财政部和世界银行的支持下，生态环境部(原环境保护部)和水利部合作开发了全球环境基金水资源与水环境综合管理主流化项目(简称“GEF 主流化项目”)。项目 GEF 赠款资金为 950 万美元，各级财政配套投入为 9 500 万美元(环保、水利在执行工程项目配套)，实施期为 2016～2021 年。项目选择在河北省石家庄市和承德市(分别位于海河流域滹沱河子流域和滦河子流域)开展试点示范活动，采用基于遥感/耗水和基于环境容量的创新性的方法，并辅以政策和环境容量评价工具，开展水资源与水环境综合管理试点示范创新研究，并将其示范成果推广到与渤海相连的海河、辽河和黄河流域，同时可以在解决世界上其他国家或国际界河的类似问题时提供宝贵的经验。

项目实施 5 年来，在各方共同努力下，在滦河子流域和滹沱河子流域取得了示范成果，提高了流域作物水分生产率，减少了污染排放。同时，这些创新性的水资源与水环境管理综合方法已向海河、辽河、黄河流域积极推广。本书主要介绍了推广工作 ，包括国家级水环境技术推广平台、国家级灌区遥感耗水(ET)监测和管理平台及主要流域推广水资源与水环境综合管理方法 3 部分。其中国家级水环境技术推广平台主要介绍了“基于环境容量(EC)的国家流域地理信息系统(GIS)管理平台建设”“环保技术国际智汇平台大数据分析工具开发”“环保技术国际智汇平台信息系统开发和运维”“评估面向流域的水污染防治方法的有效性(以承德市为试点)”等 4 部分内容。国家级灌区遥感 ET 监测和管理平台涵盖了“开发农业节水监测和地下水管理系统 GIS 平台”“开发基于遥感/ET 的半干旱区灌区耗水评价系统”“灌区耗水管理系统平台功能构建”“基于遥感 ET 的灌区数据采集与信息获取”“遥感 ET 系统”“农田灌溉用水与耗水双控方法研究”“基于遥感信息的灌区地下水净开采量综合分析方法与模型构建”“基于遥感的灌区 ET 数据生产和监测与分析”等 8 大模块。主要流域推广水资源与水环境综合管理方法分别介绍了在辽河、海河和黄河流域推广水资源与水环境综合管理方法的示范效果。

本书内容是参与GEF主流化项目实施的百余位科研与项目管理人员辛勤工作的结晶，参编人员仅列举了本书的主要执笔人员，由于客观条件有限，难以包含所有参与项目管理实施和课题研究工作的专家和代表。利用本书出版的机会，谨向牵头水资源与水环境综合管理主流化项目的全球环境基金、世界银行、财政部、生态环境部、水利部的领导和专家，向参与本项目研究的各位专家学者和技术人员，向给予本项目支持的国际国内专家学者表示衷心感谢。由于项目引进了国际先进经验和技术，对新技术和方法的研究和应用难免有不足之处，在此，敬请有关专家和学者多多批评指正。

2021年12月

目　　录

1 绪　　论

1.1 项目背景

2015 年，生态环境部(原环境保护部)和水利部在财政部和世界银行的支持下，合作开发了全球环境基金水资源与水环境综合管理主流化项目(简称“GEF 主流化项目”)。项目主要包括 4 部分内容：① 水资源与水环境综合管理主流化模式研究；② 水资源与水环境综合管理示范；③ 水资源与水环境综合管理方法推广(海河、黄河、辽河流域)；④ 机构能力建设和项目管理。项目 GEF 赠款资金为 950 万美元，各级财政配套投入为 9 500 万美元(环保、水利部门在执行工程项目实物配套)，实施期为 2016～2021 年。

GEF 主流化项目采用基于蒸发蒸腾量(ET)耗水管理、耦合水环境容量(EC)和水生态系统服务(ES)(简称“3E”)理念方法，选择海河流域承德市滦河子流域及石家庄市滹沱河子流域为试点，开展节水减污强生态的水资源、水环境和水生态“三水统筹”创新实践。并在海河、辽河和黄河流域部分区域进行推广。本书是水资源与水环境综合管理方法推广部分的应用研究成果。

1.2 推广项目主要内容

推广项目主要内容如表 1－1 所示。

表 1-1 推广项目清单

类型	项目清单
国家级水环境技术推广平台	基于 EC 的国家流域 GIS 管理平台建设
	国家水环境技术推广平台(3iPET)的开发/运行与管理(环保技术国际智汇平台大数据分析工具开发)
	流域环境目标管理工具的开发
	综合环境管理平台开发(以非点源污染为模型)
	全国范围内的地下水水质状况及基本环境状况调查(平台)
	环保技术国际智汇平台信息系统开发和运维
	评估面向流域的水污染防治方法的有效性(以承德市为试点)
国家级灌区遥感 ET 监测和管理平台	开发农业节水监测和地下水管理系统 GIS 平台
	开发基于遥感/ET 的半干旱区灌区耗水评价系统
	基于遥感 ET 的灌区数据采集与信息获取——中科院海河流域 1 km×1 km尺度遥感 ET 数据生产与平台建设
	基于遥感的灌区 ET 数据生产和监测与分析
主要流域推广水资源与水环境综合管理方法	在辽河流域推广水资源与水环境综合管理方法(在沈阳市、鞍山市、盘锦市、抚顺市)
	在推广区开展水资源与水环境综合管理规划年度监测(在海河流域河北省石津灌区)
	在推广区选定污染地区开展水资源与水环境综合管理规划年度监测(在邢台市、唐山市、廊坊市)
	在黄河流域推广水资源与水环境综合管理方法(在内蒙古自治区河套引黄灌区)

2 国家级水环境技术推广平台

2.1 基于 EC 的国家流域 GIS 管理平台建设*

2.1.1 研究背景和意义

环境信息化水平在一定程度上代表了一个区域环境综合管理的实力和竞争力，是实现环境科学管理与决策的基本保障，也是建设服务型政府的重要手段。在 GEF 海河一期项目中，首次开发建设了基于海河流域范围的知识管理系统，并引入了国际上正在开发应用的遥感监测蒸腾蒸发先进技术，实践了耗水控制的水资源管理新理念，极大地推动了流域的水资源与水环境综合管理和科学决策，但其中对水环境管理的技术应用开发部分内容仍然不足。本研究依托 GEF 海河项目知识管理(KM)系统，建成技术先进、应用广泛、性能完善、安全可靠、运行高效的水环境容量管理与应用系统，提高水环境保护业务管理的信息化水平和工作效率，提升水环境信息资源的开发利用水平，加强水环境保护技术公开和发布，为水资源水环境综合管理决策提供全面的信息支持和服务。

课题的研究和建设促进了基于环境容量(EC)管理技术与理念的推广，给地区水环境综合管理提供支撑，充分衔接国家的水环境管理要求，促进了流域水资源与水环境综合管理模式主流化的应用。进一步发挥课题研究示范区的综合应用示范管理效能，有利于进一步促进 GEF 主流化项目管理实施，为合理制定水质、总量等控制目标，落实预警与应急响应，提供科学支撑，进而综合提高科学决策水平。

2.1.2 研究主要内容

课题以提升 EC 推广水平为目的，结合国家水环境管理平台的部分基础成果，将 EC

---

* 由王强、张国帅、陈岩、秦顺兴、吴波执笔。

和ET综合管理技术集成，建设主流化应用中心，并实现可视化与推广应用，提升项目区域内的EC管理技术。以形成环境保护管理部门的流域水环境综合管理主要技术支撑平台为目的，衔接和支撑地区流域规划的考核、污染形势的预警判断，以及环境问题综合分析等方面的应用，将EC的可视化计算与EC/ET综合管理技术集成推广，整体促进水资源与水环境综合管理在项目推广区的有效提升和应用。

1. 海河流域水环境数据生产与信息管理

基于国家水环境综合管理平台，为使地表水环境容量管理执行情况监控工作科学化、规范化、制度化，结合水环境容量管理工作实际，建设水环境基础信息数据库，包括水质数据、水量数据、模型降解系数等；开展针对污染排放时空特征、污染物区域排放负荷的计算分析，建设地区水环境基础状况存储与分析数据库，形成数据存储、查询与分析、动态更新为一体的地表水环境管理信息平台，为地表水环境容量计算与评估工作提供支持，满足地表水环境容量管理实施需求。以地理信息系统(SuperMap iServer等)开发为核心，建立地表水环境基础状况空间展示平台，针对地表水环境主要超标指标进行分析，并以地理信息空间化的形式展示水环境现状与分析结果。

2. 滦河流域水环境容量监控与管理

建立滦河流域的环境容量监控与管理系统，包括结合GIS(Geographic Information System)服务对地表水环境容量结果进行时空展示，基于GIS空间分析技术实现追踪溯源分析、影响范围分析、定性的输入响应分析，以及结合GIS服务和水质基础数据实现地表水环境容量变化趋势时空展示和地图基本操作功能，建设业务资源的"一张图"统一管理功能。以软件工程、决策支持、模拟仿真、GIS、物联网和云计算等信息化技术为手段，开展水环境监控预警与决策系统研究，进行污染负荷排放监控、地表水环境质量监控、水环境容量超载情况监控与预警。

3. 水环境容量应用技术发布

依照"水十条"中关于"加强国家环保科技成果共享平台建设，推动技术成果共享与转化"的要求，针对地方水环境管理实际需求，构建水环境容量管理技术发布与推广平台，采用平台管理模式推广应用技术，选取主流化、实用化、适用化模型与管理技术，如：一维模型解析解、Q2K、EFDC、污染负荷测算技术、水质模拟技术、水环境容量测算技术、污染物总量分配优化技术等，根据不同管理需求，提供有针对性的技术服务。进一步加强水环境容量管理信息资源的统一规范和统一管理，加快环境保护各项业务工作和环境信息资源的融合，从而实现环境信息资源更加广泛的共享和充分利用，为水环境保护规划、管理等各项工作提供科学决策支持，从而提高水环境保护各项工作的信息化水平和工作效率，提升水环境信息资源的开发利用水平。

2.1.3 研究技术方法

课题的研究平台基于J2EE平台的应用集成平台，包含展现层、业务逻辑层、数据持久层及相关的开发、监控、服务总线工具。此应用集成平台是已经开发好并经过多个项目实际检验的稳定、易用的平台，平台拥有一系列开放性组件、工具、接口（设计工具、应用工具、管理工具、通用接口），介于操作系统和最终应用之间的成熟的软件产品。以应用集成平台为基础进行应用系统开发，不但可以节省大量的开发工作，还可保证系统的稳定性、灵活性和开放性。总体技术构架如图2-1所示。

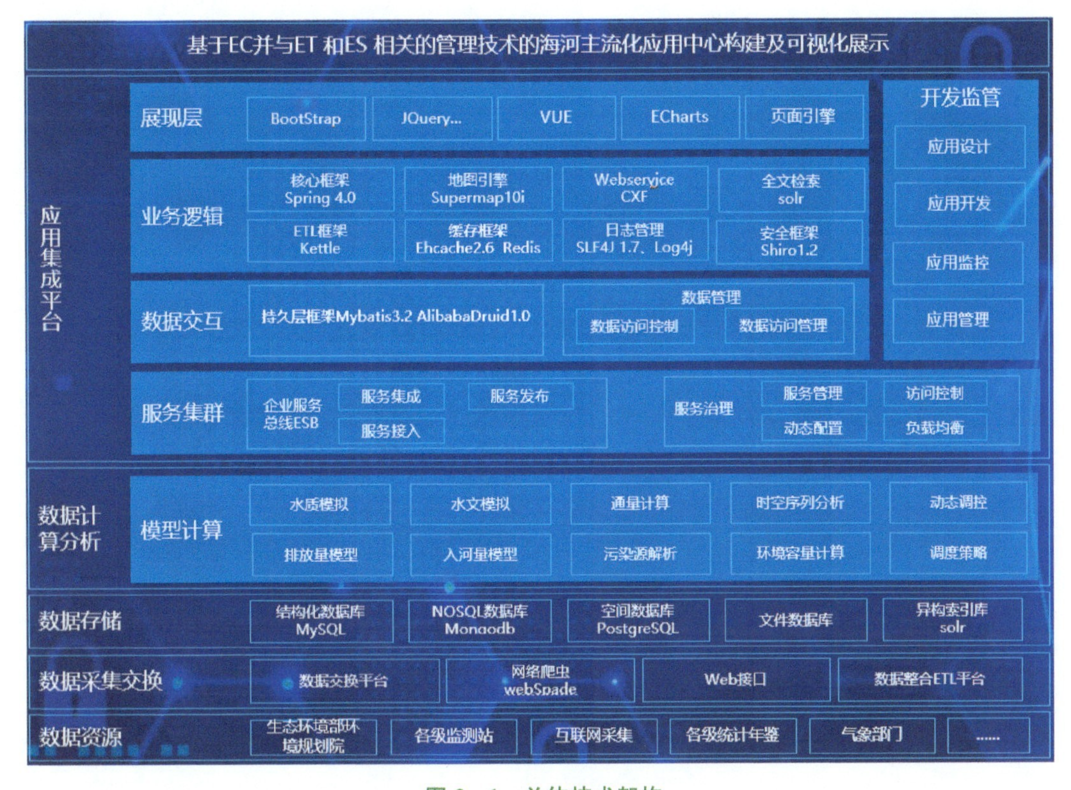

图2-1 总体技术架构

(1) 数据源。数据来源有多种，主要包括：国家水环境综合管理平台、各级环境监测站、互联网公示数据、各类年鉴文件等。与国家水环境综合管理平台对接，获取水质、水文、污染源、社会经济、气象数据；通过互联网公开数据获取最新的水文数据；通过地方监测站获取污染源在线监测数据；文本资料数据作为前面几种数据源的补充，保证数据的完整性。

(2) 数据汇集。针对历史数据,可使用数据整合平台 Kettle,实现数据的抽取、转换和加载;针对互联网公开数据,可以使用网络爬虫,直接获取数据并入库;针对文本资料数据,可以通过数据录入实现数据入库。

(3) 数据存储。使用 MySQL 数据库作为系统的数据库,采用 MongoDB 数据库存放大数据量信息,逻辑上分为原子库、清册库、汇总库,为不同业务提供数据支持;复用已经搭建好的 FTP、FileServer 提供文件服务。

(4) 数据交互。通过 Mybatis 直接访问结构化数据,通过 http 协议直接访问文件数据。

(5) 业务逻辑。通过 Spring 来集成各种技术手段,实现系统功能,对外通过 Webservice 提供数据服务。

(6) 展现层。为了实现展示效果,在现有的 JQuery 基础上,引入了 BootStrap 和 Echart 等专业展示组件,确保界面美观,相应速度快。

2.1.4 核心成果产出

2.1.4.1 海河流域水环境数据库

课题集成了海河流域的长序列水质、水文、气象、污染源、社会经济等数据,集成海河流域所有空间信息进行空间展示、空间检索、空间分析(见图 2-2~2-5)。空间数据主

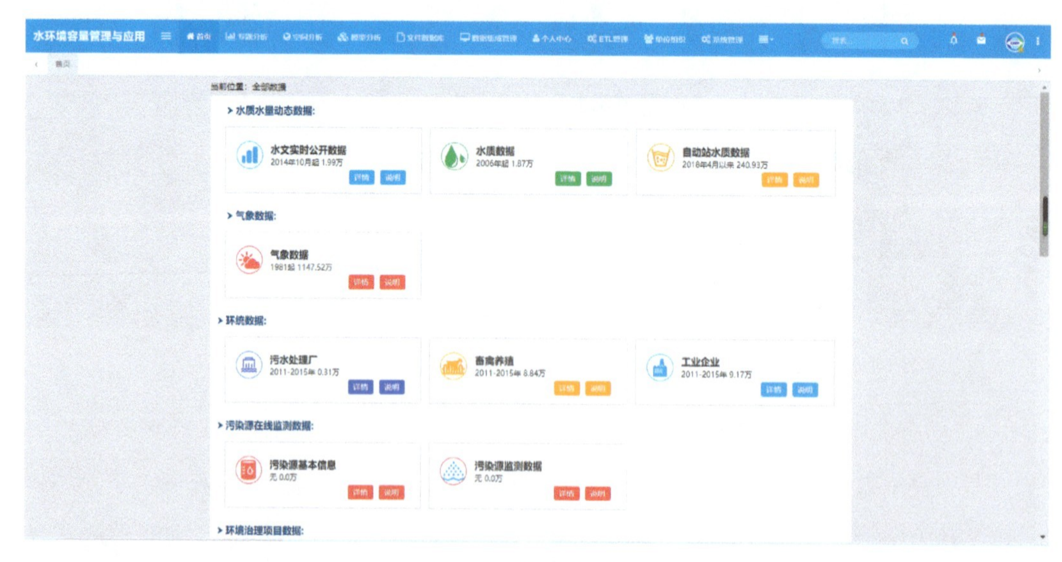

图 2-2 数据类型展示

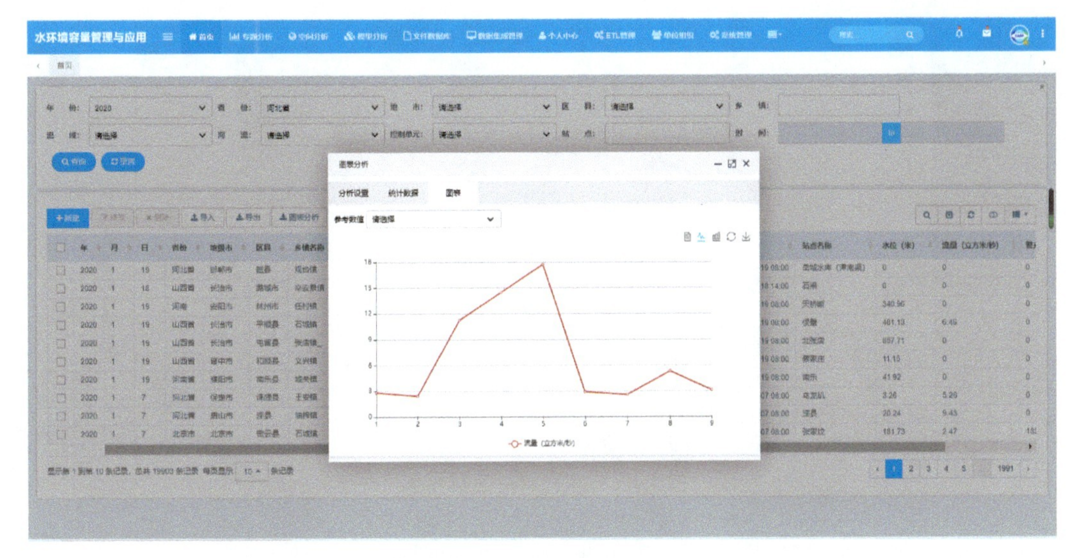

图 2-3　数据分析功能

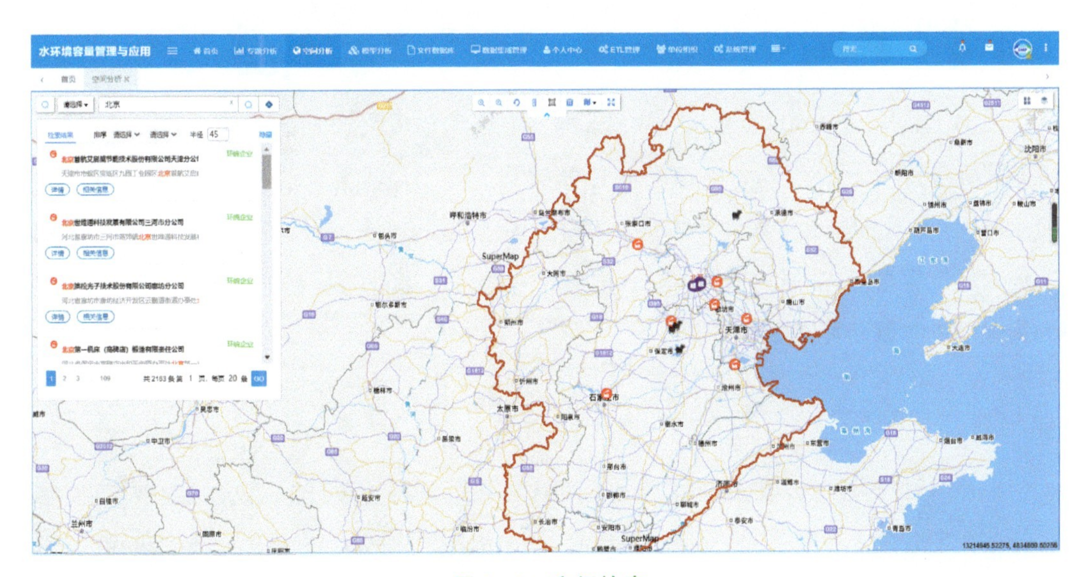

图 2-4　空间检索

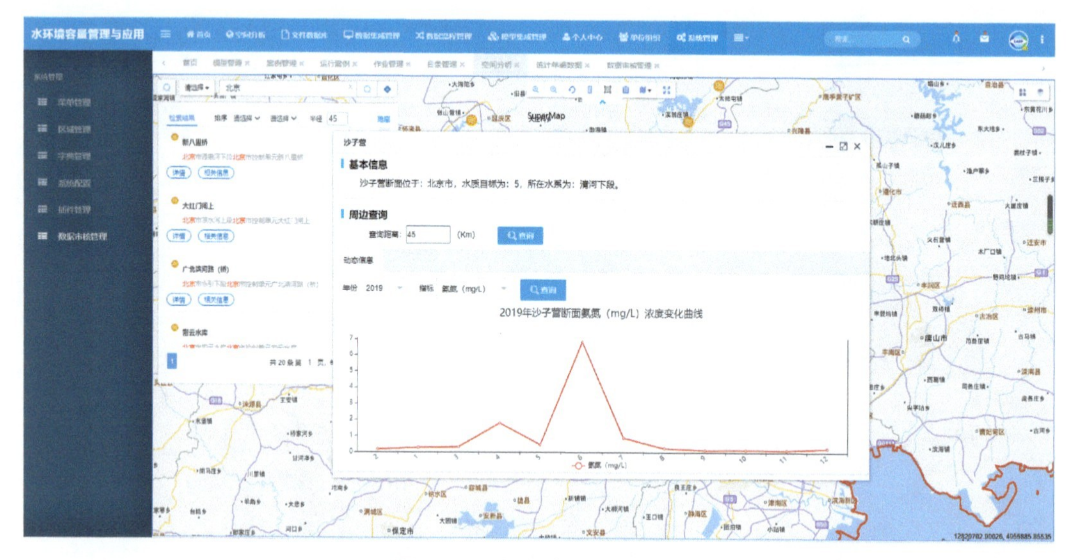

图 2-5　空间对象详细信息

要包括断面、水文站、气象站、污染源、行政区划、控制单元、河流水系、土地利用、土壤类型、数字高程等。基于平台进行统一管理,提供数据查询、自定义统计分析、数据申请、基础数据管理等功能,形成了海河流域水环境管理基础数据库,是后续 ET/EC/ES 计算展示的重要基础。

2.1.4.2　海河流域环境容量测算

根据气象站、水文站、河流水文特征、排放数据等多方面的外部要素,对海河流域的主要河流进行了概化处理,并对缺失的部分数据进行了经验值方法补充完善,构建了海河流域 EC 计算的基本方法体系构架。基于一维模型的方法,测算了海河流域不同水期的理想环境容量,并根据测算的单元和面源排放测算结果进一步测算了各流域控制单元的剩余环境容量和可用环境容量情况(见图 2-6 和图 2-7)。

2.1.4.3　基于环境容量的国家流域 GIS 管理平台

平台通过大数据和功能集成,实现了对日常环境管理主要任务需求的全覆盖,能够很好地实现区域水环境管理的可视化、信息化与精确化,符合"依法治污、精准治污、科学治污"的基本要求。基于系统建设方案、数据库建设方案等基础文件资料,充分利用云计算、GIS 技术,构建了海河流域水环境容量管理与应用平台。平台包含了基础状况展示、3E 融合计算与展示、数据管理、系统管理等几大模块,具有 ET 测算与结果展示、EC 计算

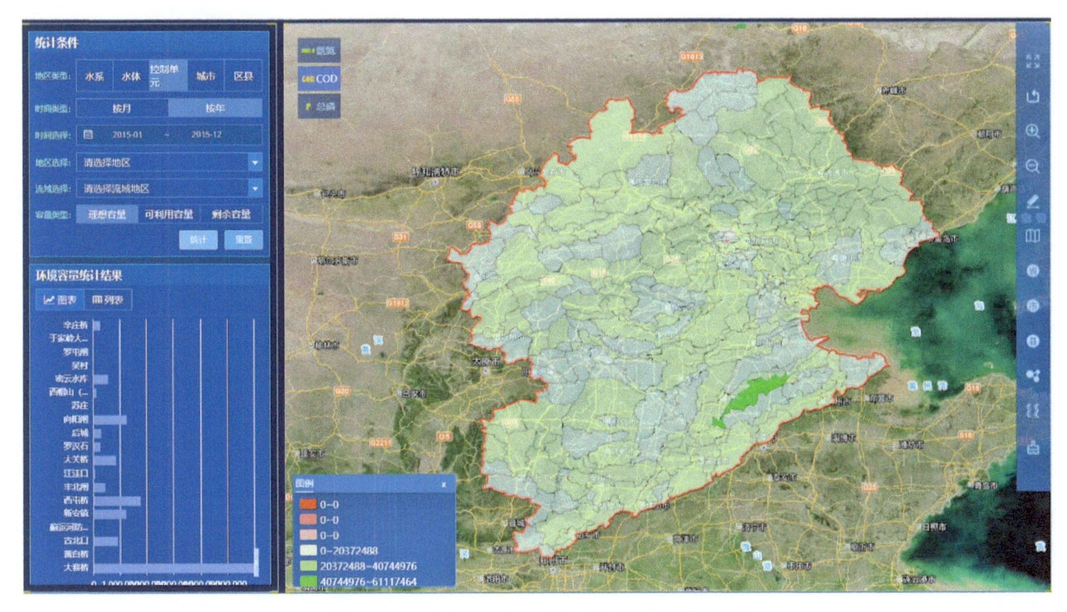

图 2-6 海河流域理想环境容量测算结果

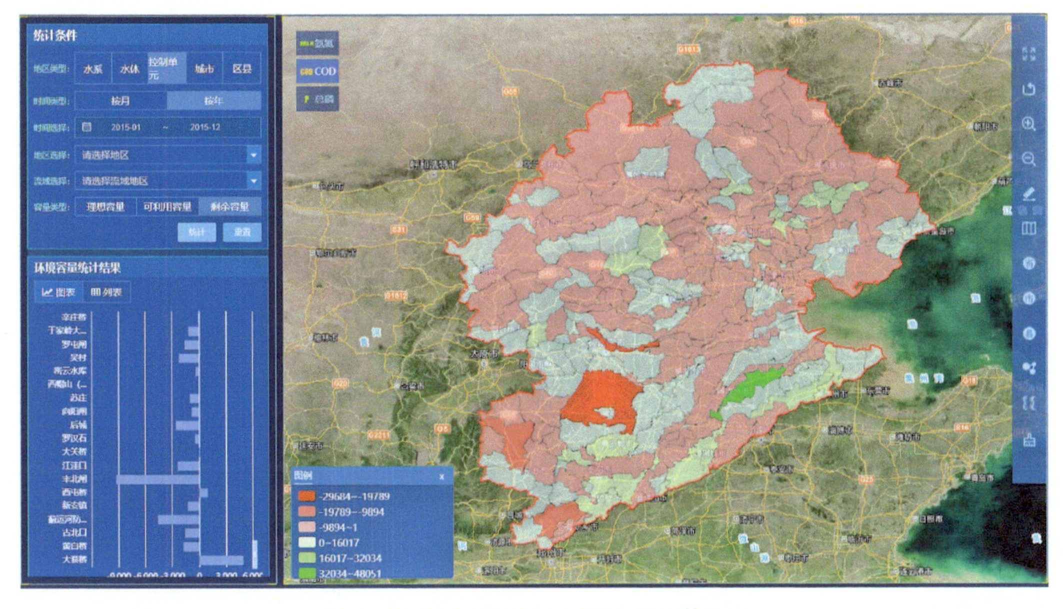

图 2-7 海河流域剩余环境容量测算结果

与结果对比和展示、ES结果展示、水环境质量评价、断面水质判断与预警、污染源信息搜索与展示、基础数据管理以及系统后台管理等功能。最大限度地实现ET/EC/ES三者之间的优化，确保区域水环境质量的最大化保障。

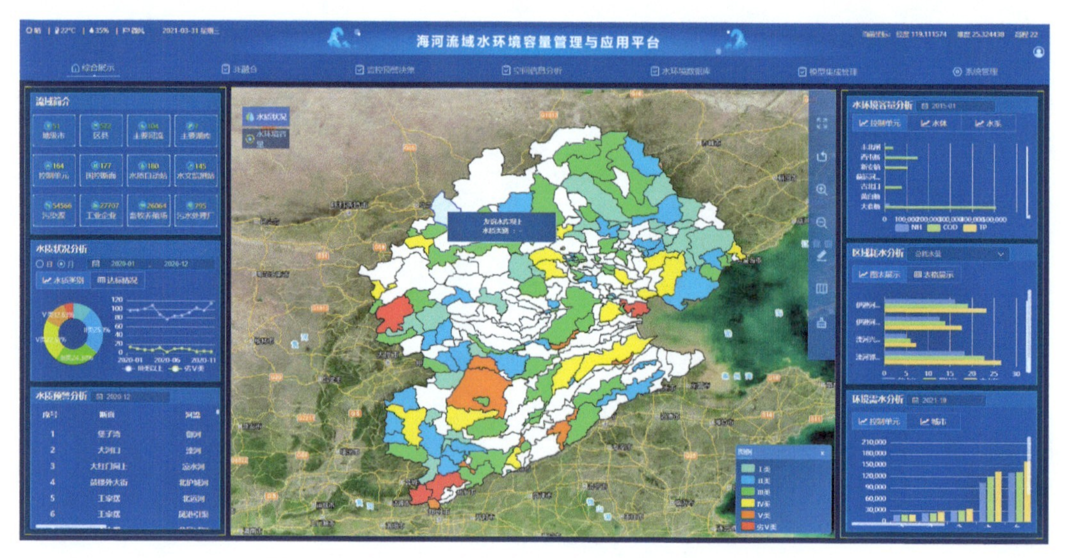

图 2-8　海河流域水环境综合管理与应用平台主界面

2.1.5　主要创新点

本课题在充分调研了解地方生态环境保护部门对日常环境管理的基础性需求的基础上，结合现有的先进平台技术，开发建设了一款充分融合了 ET/EC/ES 的水环境要素管理与展示平台，为提升地方环境管理工具的信息化水平迈出了重要的一步。主要的创新点有以下几个方面。

(1) 通过计算机程序集成多元异构数据，统一管理关系型数据、空间数据、文件数据、数据服务接口等资源，为平台提供了数据基础；集成主流水环境模型软件，简化输入数据整理、参数和系数调整、模型率定等工作，提升工作效率；优化模型结果展示，结合 GIS、图表、表格等展现方法，为用户充分利用、分析数据提供了便利工具。

(2) 开展了水环境综合管理平台的开发建设，创新性地集成时空变化、动态演变等环境综合分析技术与应用，符合生态环境主管部门的日常工作习惯与要求，可为日常决策支持提供辅助。可实现基础信息展示和分析，满足实现流域精细化、信息化环境管理的需要，有利于提升流域水环境管理与决策水平。

(3) 在 EC 的基础上，充分考虑了 ET 和 ES 与 EC 在水环境质量体现方面的关系和相互作用。通过集成水质评价、污染扩散和环境容量计算等多个模型，实现了水质、水量的耦合关系分析，为基于环境容量的水环境质量管理提供了便利、直观、高效、精准的平台工具。

2.2 环保技术国际智汇平台大数据分析工具开发*

2.2.1 研究背景和意义

为促进“一带一路”沿线国家生态环保产业的发展和环境治理技术的进步，生态环境部对外合作与交流中心建设了环保技术国际智汇平台（简称“智汇平台”）。智汇平台通过汇集技术信息、供需信息、项目信息，对接技术和资本供需，促进国内外环保技术交流和产业合作及污染防治攻坚战。

为了更好地促进先进实用环保技术的对接和推广应用，建设了环保技术国际智汇平台大数据分析工具。通过大数据分析工具，建立“用数据说话、用数据决策、用数据管理、用数据创新”的环保技术大数据分析模式，进一步分析水资源与水环境环保技术热点、未来发展趋势与需求信息，促进环保技术供需对接和环保产业发展，促进研究和改善海河、辽河等流域所面临的严重的水资源与水环境问题。

2.2.2 研究主要内容和研究技术方法

2.2.2.1 研究主要内容

课题通过分析环保技术发展趋势与需求信息，促进供需对接和环保产业发展，实现流域水资源有效利用、水环境修复技术合理配置，有效缓解水资源供需矛盾，真正改善流域水环境质量。

环保技术热点分析工具主要包括：挖掘区域污染治理技术热点；建立基于用户浏览偏好的个性化推送及供需匹配工具，为进一步修正智能推荐策略提供依据；通过环保技术市场趋势预测分析工具的建立，累计数据，为趋势预测累积资源；设计并建设平台大数据展示工具，为平台管理和决策提供便利。

课题以环保技术数据为基础，以信息化标准和安全体系为保障，总体规划为数据采集层、大数据管理和分析、业务应用3层体系结构。

（1）数据采集层。数据采集是整个平台最基础的部分，通过互联网权威网站、公众媒

* 由黄鹏飞、王宝刚、陈熙君、高丽莉执笔。

体、环保监管单位或相关企业等渠道，采集环境政策、环境知识、环保技术、污染防治技术等数据，将这些数据通过一定的数量质量控制规则、抽取规则、数据关系模型、编码分类等规则进行管理和预处理。

（2）大数据综合数据库层。将采集的数据按结构化、半结构化、非结构化数据进行存储，综合实时数据处理引擎、并行化分析引擎、海量数据计算引擎、流式计算引擎、机器学习算法引擎等技术，通过自然语言分析建模、聚类分析建模、关联分析建模等模型工具，不断通过数据训练改进模型算法，进而提供核心大数据分析应用服务。

（3）业务应用层。业务应用层主要是面向用户人机交互，实现业务系统的集成应用和可视化展现，包括环保技术热点分析应用、用户偏好推荐应用、环保技术市场趋势预测分析应用等。

① 环保技术热点分析工具。通过环保技术热点分析工具，汇聚当前环保技术信息，分析挖掘区域污染治理技术尤其是水污染治理技术热点。以智汇平台和互联网开放数据为对象，通过搜索引擎智能化开展环保相关信息汇集。技术信息数据经过清洗、转换后入库，并通过综合统计分析、多维度对比分析，将结果以图形、表格方式展现，形成数据统计图表、特征值统计表。统计分析支持图表转换，正序、倒序排列等。统计分析内容包括：环境治理领域技术种类、按治理要素划分的技术分类占比、相关领域案例数量、同类技术企业数量等。

② 个性化推送及供需匹配工具。工具基于智汇平台用户尤其是排污企业用户搜索关键词、关注行业、治理技术、浏览偏好的个性化信息，量化用户访问平台的规律，并将访问规律与智能推荐策略相结合，从而发现用户近期关注的热点技术，自动匹配与推送相关技术信息，并为进一步修正或重新制定智能推荐策略提供依据。

③ 环保技术市场趋势预测分析工具。以智汇平台收录的权威数据资源为基础，根据某一特定环境治理技术的案例数量、区域项目数量等相关变量，发现变量间的依赖关系，开展环保技术的市场趋势预测分析。预测我国环保技术发展趋势，识别未来热点技术，为治理需求单位对治理技术的选择提供建议。根据公众关注的环境状况、污染事件等，形成环境趋势预测分析报告。

2.2.2.2 研究技术方法

通过数据采集软件实时获取环境技术相关互联网信息，利用 ETL 工具将数据进行清洗、转换、分类、入库，形成环境技术信息资源目录。利用 NLP 自然语言处理技术，将资源目录内海量数据进行智能语义解析，从而分析出在招投标、行业媒体、政策法规、学术应用等维度的环保技术热点。通过历史热点数据预测未来环境技术发展趋势，并结合大数据分析平台对分析结果进行可视化展示。

1. 数据采集技术

数据采集使用网络爬虫对环境相关的互联网内容进行抓取。利用 Python 语言结合成熟的数据采集软件，形成特定的采集脚本编辑、采集流程制定、任务监管等功能集群，能够满足多元化、多类型、大体量数据的采集、管理与维护。

提出了数据资源管理概念，创新设计了动态资源管理存储体系，通过对数据类型、特性进行归类，利用 Kettle 等数据处理工具，快速对新增加业务种类数据进行快速采集，并无缝存储至资源管理系统中，细化了数据处理规范，提高了数据治理效率。

2. 数据挖掘技术

数据分析挖掘技术，是指在搭建的数据分析管理平台上，同步开发集成数据分析工具，使工具与资源能够深度融合，从大量的数据中通过算法搜索隐藏于其中的信息。在资源管理的基础上，通过在线分析处理、机器学习、开发、集成、管理不同的分析工具（数据分析工具、图形展示工具、GIS 分析工具、模型工具），对资源数据进行二次分析、挖掘，提高资源的利用价值，也为决策提供支持。

数据挖掘过程包括定义问题、建立数据挖掘库、分析数据、准备数据、建立模型、评价模型和实施等。有指导的数据挖掘是利用可用的数据建立一个模型，这个模型是对一个特定属性的描述。无指导的数据挖掘是在所有的属性中寻找某种关系。具体而言，分类、估值和预测属于有指导的数据挖掘；关联规则和聚类属于无指导的数据挖掘。

利用自然语言处理技术及信息检索技术，对互联网文档内容进行深入分析，从无结构的文本数据中抽取结构化信息，并将这些结构化数据作为该文档的属性或字段进行存储。文本理解工作包括：文档正文及相关属性（标题、时间、作者、主要内容）抽取，文档内容段落及句子切分，文本分词、命名实体（时间、地点、人物、机构等）识别，动词、专有名词抽取，情感分析及情感词抽取，关键词抽取，定义标签及消歧等。

3. 建模分析技术

目前得到词语的频数分析数值表示的主流方法有两种：第一种是基于统计，即基于词语在文章中出现的次数。此方式表示能力较差，但容易实现。在系统用于简单的统计分析；第二种是应用神经网络算法，在考虑词语前后语境的情况下，应用所有的数据训练表示模型，该模型可以输出每个词语的数值型表示，这种方法得到的语义信息比较丰富，能够包含文章的前后信息。因此，该系统主要应用这种方法，通过该方法可以得到用于热点分析和技术需求预测的文本表示。

在得到文本表示后，系统利用回归和分类的机器学习方法，建立热点技术分析模型，分析环保技术的使用状况、受欢迎程度等信息。建立的模型包括 TF－IDF 文本词向量表示、分布式文本表示、编辑距离计算、文本匹配等，实现环保行业技术词条分类及环保热词、热值分析等。

2.2.3 成果产出

2.2.3.1 水环境热点分析系统

水环境热点分析系统通过环保技术热点分析工具，汇聚当前环保技术信息，分析挖掘区域污染治理技术热点尤其是水污染治理技术热点。通过采集互联网水环境相关数据，利用自然语言解译技术，建立热点分析模型，分析水环境相关的热点技术和热点区域，并根据行政区域、流域、时间等维度进行预测分析展示。

系统采用网络爬虫等技术实现互联网数据的获取，通过 Kettle 等 ETL 工具进行数据抽取、过滤及存储。热点分析模型利用自然语言对采集的数据进行分析处理，并将分析结果通过网页形式进行展示，同时提供用户查询下载的功能，为用户对水环境的当前技术和市场分析提供数据支持。

2.2.3.2 水环境趋势分析系统

水环境趋势分析系统通过采集互联网水环境相关数据，利用神经网络深度学习技术，建立趋势预测分析模型，分析水环境相关的技术趋势和市场趋势，并根据行政区域、流域、时间等维度进行预测分析展示。趋势分析模型利用自然语言对采集的数据进行分析处理，并将分析结果通过网页形式进行展示，同时提供用户查询下载的功能，为用户对水环境的未来技术和市场分析提供数据支持。

本课题创建了一种基于大数据和人工智能技术的流域水环境污染治理技术及市场预测的方案，为人工智能在生态环保领域的应用提供了解决方案。

2.2.4 主要创新点

本课题通过建立基于大数据的水环境关键词条的分析技术，得到环保技术词条特征和环境数据之间的对应关系，客观、准确地获取高频热点环保技术，从而服务于管理决策。

利用神经网络，创建基于环保技术的回归预测模型，能够根据历史环保信息（比如招投标、政策法规、新闻数据等信息）预测将来某一时间段的热点技术和某一技术的热度变化趋势。

2.3 环保技术国际智汇平台信息系统开发和运维*

2.3.1 研究背景和意义

为促进"一带一路"沿线国家生态环保产业的发展和环境治理技术的进步，生态环境部对外合作与交流中心建设了环保技术国际智汇平台。智汇平台通过汇集技术信息、供需信息、项目信息，对接技术和资本供需等，促进了国内外环保技术交流和产业合作及污染防治攻坚战。为了支持中国水污染防治的改善，加快技术成果推广应用，更好推动环保技术及产业"引进来"与"走出去"，国务院于 2015 年 4 月印发的《水污染防治行动计划》（国发〔2015〕17 号，简称"水十条"），明确提出要研究建立水生态环境功能分区管理体系，也更加明确了将控制单元作为水环境管理基本单元的思路。

智汇平台汇集国内外生态环境相关信息，在"数据-应用-服务"一体化服务技术平台总体框架下，建立了环保综合数据库，实现环保数据的集中统一管理，实现数据的采集、汇总、处理全过程信息化管理，为数据采集与管理的科学高效提供保障。建立了多行业的评价体系，依托综合数据库的建设，形成专项专业的评价报告，为国内外企业或机构投资建设提供支持。建立了环保技术库，打造以优质环保技术为核心的交流沟通平台，引导环保产业的茁壮发展，从而更好地服务于国内外的环保企业。该项目补充了主流化项目技术宣传推广的环节，形成了主流化项目产技术、智汇平台宣传推广的有机整体，达到了政研产学综合一体的目标。依托于生态环境部对外合作与交流中心，能够更好地在国内外为主流化项目成果的宣传起到积极的推广作用，带动国内外水资源与水环境综合管理水平的提升。

---

* 由黄鹏飞、姚玉、高丽莉执笔。

2.3.2 研究主要内容和研究技术方法

2.3.2.1 课题内容

本课题主要建设内容有数据治理、线上技术评估、环保技术线上收集、环保知识分享、技术供需智能匹配模型、精品展馆、平台数据地图可视化及 GIS 一张图展示、水压力评估及风险防范和生态环境综合分析等。

1. 平台基础数据库治理

依据相关国际和国家标准对输入数据进行标准化治理，开展各类数据的标准化规整，建立编码规范，进行数据的录入或者导入。“走出去”技术精品库根据“走出去”技术展示需要，重点突出展示入选技术企业的技术特点、优势、成功案例。案例库是将国内外优秀的第三方治理项目案例进行采集、汇总。政策库是方便排污企业按行业查询各级生态环境主管部门的相关政策法规信息，建库时按照环保政策领域进行分类，并根据政策具体内容进行进一步归类整理。

2. 主要功能

本课题主要功能包括技术评估、环保技术线上信息收集、环保知识分享、技术供需智能匹配、平台数据地图可视化及 GIS 一张图展示、“走出去”精品展馆、水压力评估及风险防范和生态环境综合分析等。

(1) 线上技术评估

通过技术评估模型进行综合分析并打分，为排污企业的技术选择提供参考。综合考虑技术先进性、治理效果和经济合理性等因素。建立参数化表格，完成开发评估功能。

(2) 环保技术线上收集

环保技术线上收集通过多方面收集汇总多年来的环保技术信息，对与环保技术相关的专题资料进行分类整理，从而进行环保技术线上展示材料的收集、环保技术展示等。

(3) 环保知识分享

将环保知识以图片、文字、视频录播等多种形式进行分享，且能够设置多个内容分类，将环保专家讲座、公开会议等通过视频或文字、图片进行展示，以供在线学习。

(4) 平台数据地图可视化及 GIS 一张图展示

目前通过 BI(Business Intelligence)技术，能够实现多个模块的空间可视化展示，还能够对互联网招投标信息抓取及平台基础数据库信息筛选、计算，实现多个维度的污染防治技术数据统计和报表自动生成，实现热点技术一张图展示。

GIS一张图分析功能利用生态环境宏观监测成果，根据主要业务场景，实现缓冲区分析，叠加了业务分析功能，能够完成专题图件制作和年度分析报告制作等功能的导出，为区域生态环境决策分析提供数据基础。

（5）技术供需智能匹配

设计和建设污染行业技术供需智能匹配模型，排污企业通过行业、工艺等条件点选，实现企业所需污染防治技术智能匹配推荐功能，服务排污企业的技术初筛与选择对接。

平台基于已发布的技术指南和行业专家论证，选择电镀废水、焦化废水、制革及毛皮加工废水等典型行业细分领域开发技术匹配模型。平台对匹配模型进行集成，技术需求及排污企业可通过基本技术参数的选择得到平台推荐的污染防治技术列表，在推荐列表中选择某一具体技术后，可为用户生成初步解决方案。如需进一步咨询，用户可通过平台选择感兴趣的环保企业进行线下对接，实现排污企业的污染防治方案定制化服务。

（6）精品展馆

精品展馆按照虚拟展馆形式分类建立“走出去”的技术、经典案例、生态环保专题论坛等主题精品展馆。展馆支持自主浏览功能、信息查询功能以及网络互动功能。网络互动功能能够支持用户进入主题展馆互动圈，在互动圈提问、咨询、分享该主题的相关信息。

（7）水压力评估及风险防范

水压力在水环境中为水环境承载力，指的是在一定的水域，其水体能够被继续使用并保持生态系统良好时，所能容纳污水及污染物的最大能力，承载力越高，压力越小。根据污染物排放—水环境系统净化过程，从“压力—状态—响应”（P－S－R）概念模型出发，结合不同城市人口、社会经济发展现状，以及资源节约利用和生态环境中存在的问题，从水资源、水环境、水生态、土地利用等4个方面构建水环境承载力评价指标体系。

水压力评估及风险防范模块开发及专题报告生产工作在水资源、水环境及风险源等信息收集基础上，通过建立水压力及水风险评估模型，开发水压力评估及风险防范子系统；通过子系统运行，开展典型流域或国家水压力及水风险评估研究。

（8）生态环境综合分析及评估模块

开展生态环境综合分析及评估模块开发及专题报告生产工作。基于遥感等技术手段，收集整理生态环境相关指标数据，开展数据分析，整体了解区域生态环境本底情况；通过建立生态环境敏感性分析、生态环境承载力评估、生态环境质量评估等模型，开发生态环境综合分析及评估子系统；基于系统模型，开展重点区域生态环境监测与评估专题研究。

2.3.2.2 研究技术方法

1. 数据采集与治理技术

数据采集利用 Python 语言，结合成熟的数据采集软件，形成特定的采集脚本编辑、采集流程制定、任务监管等功能集群，能够满足多元化、多类型、大体量数据的采集、管理与维护。数据采集与治理技术实现了数据资源管理概念，创新设计了动态资源管理存储体系，通过对数据类型、特性进行归类，利用 Kettle 等数据处理工具，能够快速对新增加业务种类数据进行快速采集，并无缝存储至资源管理系统中，同时提出并细化了数据处理规范，提高了数据治理效率。

2. 资源可视化及分析技术

在数据资源的基础上，搭建了 GIS 专题分析平台，以 BI 技术进行数据呈现，通过统一管理后台系统中的资源可视配置，能够快速以 GIS 地图效果形式呈现资源信息，使数据直观、明了。

3. 数据分析挖掘技术

数据分析挖掘技术，是指在搭建数据分析管理平台上，同步开发集成数据分析工具，使工具与资源能够深度融合。在资源管理的基础上，通过开发、集成、管理不同的分析工具(数据分析工具、图形展示工具、GIS 分析工具、模型工具等)，对资源数据进行二次分析、挖掘，提高资源的利用价值，也为决策提供支持。

2.3.3 核心成果产出

本课题完成了线上技术评估模型、环保技术线上收集、环保知识分享、技术供需智能匹配模型、精品展馆、平台数据地图可视化及 GIS 一张图展示、水压力评估及风险防范和生态环境综合分析模块开发，实现环保数据的集中统一管理，实现数据的采集、汇总、处理全过程信息化管理，为数据采集与管理的科学高效提供保障。

2.3.4 主要创新点

1. 环保技术评估及方案智能匹配

本课题提出了行业方案快速评估机制，根据用户需要，快速产出方案内容，指导治理技术的选择与应用。环保技术评估有效支撑了 GEF 主流化项目 ET/EC/ES 总目标。在设计阶段，重点提出了资源概念，并对资源进行了定义与说明，同时围绕资源进行设计，弱化了系统及模块间的关联，强化了以数据为核心的生命线，极大程度上为挖掘数据价值、服务决策提供了方便。

2. 水环境风险评估体系模型和生态环境评估体系模型

本课题构建了水环境和生态环境评估模型，可为相关政府主管机构、企业、投资机构、银行等提供更加准确的水环境压力风险评估结果和生态环境评估结果，为重点工程建设或环境风险预警提供参考。

2.4 评估面向流域的水污染防治方法的有效性（以承德市为试点）*

2.4.1 背景和意义

随着城镇化、工业化和农业现代化的快速发展，以及人类对水资源的开发利用，导致了河道断流、河水枯竭、水土流失、水环境污染以及生物多样性丧失等问题，流域水环境污染的防治压力日趋严峻。党的十八大首次把生态文明建设提高到前所未有的高度，水污染防治是生态文明建设的重要内容之一。

在我国当前的水污染防治工作中面临着诸多严峻考验。首先，在水污染防治方法的有效性上存在着较多不确定性，水污染防治方法受时空异质性的影响较大，不同的季节对水污染防治的效果具有扰动作用，相同的水污染防治方法在同一流域的不同位置或不同的流域实施可能也有不一样的防治效果，因此，如何因地制宜选择有效的水污染防治方法已成为一大难题。其次，我国水污染防治工程治理和面源污染治理投资量巨大，但存在着投入冗余，整体效率水平不高等问题，诸多的水污染防治技术目前尚未有标准化与规范化的有效性评估体系，水环境保护相关的法律政策等非工程措施的有效性更是难以进行评估。最后，面源污染具有时空上难以监测、随机发生、污染源分散等特点，较难实现有效控制，当前已成为河流水质下降的主要原因与水污染防治工作中的重大挑战，同时这也给流域氨氮总量控制目标的实现带去了难题。为维持人与生态共同和谐发展，亟须构建科学的水污染防治方法的评估-管理综合框架，考虑地区与防治措施的削减污

* 由谭倩、李春晖、郭萍、陈永迪、王淑萍、李霄璇执笔。

染成本的差异性，发挥出低削减费用地区与防治措施的优势，并综合考虑社会和生态系统对流域水量水质的需求，以人水和谐为发展目标，灵活调动社会资源，最终实现各个投资方向上的优化配置。

研究以河北省承德市为试点，对承德市实施的水污染防治方法进行评估，并在此基础上，通过面源污染模拟模型和水质模型等来实现水污染防治方法的模拟综合管理，旨在给各项规章制度的制定、政府与民间水污染治理的投资和水环境防治措施的综合管理提供一定的指导意见，最终提高水污染防治效果的有效性，并为其他地区的水污染防治工作提供参考与借鉴。

2.4.2 研究内容与技术路线

本项目包括以下 5 部分内容：

第一部分为水污染的防治方法调查与分析。通过文献调查，梳理典型 10 大流域所采用的关键水污染防治方法，包括工程技术措施和非工程措施等；通过总结各类水污染防治方法的特点、优缺点以及实施效果，试图分析这些水污染防治方法在案例区承德市的适用性，为因地制宜地选择承德市流域水污染防治方法提供一定的参考与指导。

第二部分为水污染防治方法的环境效率评价与动因分析。通过调研案例区承德市所采取的各类水污染防治方法，包含工程措施与非工程措施，重点收集各类水污染防治方法的投入产出数据以及各类方法实施前后的环境变化，通过构建数据包络分析模型来测算不同防治方法的环境效率，分析不同防治方法的投入冗余与产出不足情况，得到不同防治方法的投入产出有效性，为水污染治理投资方向提供参考；在此基础上以环境效率为因变量，建立因子分析模型，解析影响不同防治措施环境效率的驱动因子，明确各类水污染防治方法环境效率的改善方向。

第三部分为水污染防治方法的有效性评估。通过调研承德市水环境历史变化、资源投入和社会经济发展情况，构建各类水防治方法的环境-社会-经济数据库与有效性评估指标体系，使用熵值法、均方差权值法等确定指标权重，结合层次分析法和模糊综合评判法对各水污染防治方法在承德市的适用性进行评价。第二、第三部分均为对承德市水污染防治方法的评价，但两部分研究侧重点不同，前者侧重于评价效率后的投入冗余分析与效率改进研究，后者则侧重对方法的有效性评价，两部分内容相互补充、相互印证，同时可为第四、第五部分的情景设置提供参考。

第四部分为基于流域尺度的模拟的水污染防治效果分析。通过收集水文、水质、气象等数据，构建 SWAT 面源污染模拟模型，分析承德市面源污染负荷及时空分布规律，识别流域关键源区，设定不同水污染方法的组合情景，评估不同情景下面源污染的削减效果；同时构建 MIKE 11 的河道水质模型，模拟不同水污染防治措施组合情景下污染物的削减效果，对滦河流域主要污染物总量控制以及削减方案进行模拟分析。针对面源污染防治与流域污染物总量控制的问题，基于模拟结果进行情景分析，比较流域各类水污染防治方法的有效性。

第五部分为水污染防治措施的优化与布局。在第四部分的基础上，构建流域水污染防治方法多目标-不确定性随机优化模型，兼顾经济成本最小化与环境效益最大化目标，从经济社会、环境协同提升的角度提出流域水污染防治的最佳组合方案，对承德市的水污染防治工作的布局给予明确的技术建议，同时也为我国其他重要流域的水污染防治工作提供重要参考。

本研究的技术路线图如图 2－9 所示。

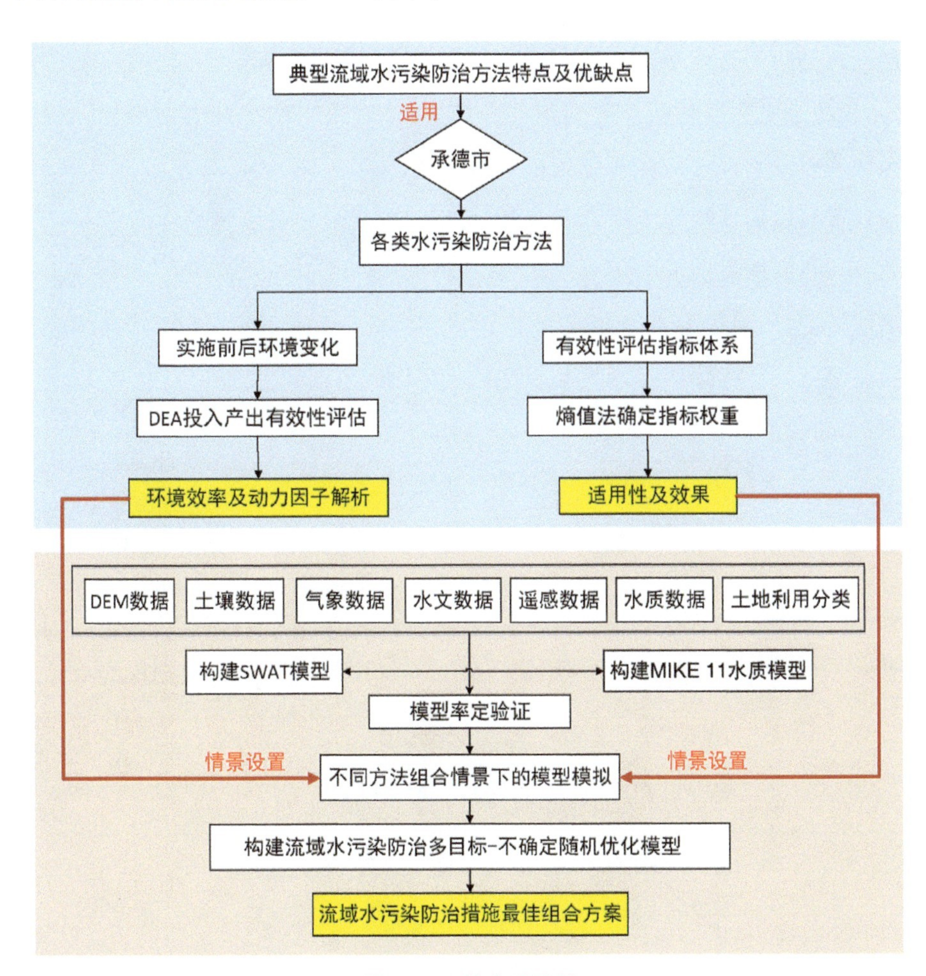

图 2－9 技术路线图

2.4.3 主要结论

2.4.3.1 重点流域及承德市水污染防治方法及其有效性调研

1. 研究内容

通过查阅文献资料，调研了长江、珠江、海河、辽河、黄河、淮河、松花江、浙闽片河流、西南诸河等9个典型流域的重点流域水污染防治规划和已有的工程项目实施情况，并分析各类防治方法的特点、优缺点及取得的效果，总结这些方法的适用性；同时，对我国近20年的水环境进行分析；并通过文献调研对国外典型流域水污染防治案例进行总结。此外，通过实地考察对承德市的水污染防治方法进行了调研，并通过水环境质量变化与工程实施深入印证承德市各项水污染防治工作的有效性。

2. 主要结论

流域水污染防治是一个系统工程，有工程措施、非工程措施，有点源治理，也有面源治理，单一的技术措施只能局部起到很好的效果，流域水污染治理需要全局、系统考虑。各种点源和非点源治理技术在各流域的实施效果存在差异，需要考虑南北方差异，水资源、水生态系统、地形地貌等不同，因地制宜根据区域实际特点选择最佳措施。

近20年，我国加强水污染防治，从单纯减污治污向社会-经济-资源-环境的全面统筹和系统治理转变，从治污为本向以人为本、生态优先转变。污染防治思路从重视点源污染治理向流域区域环境综合整治发展。2006年以来，各流域水质明显改善（见图2-10和图2-11）。

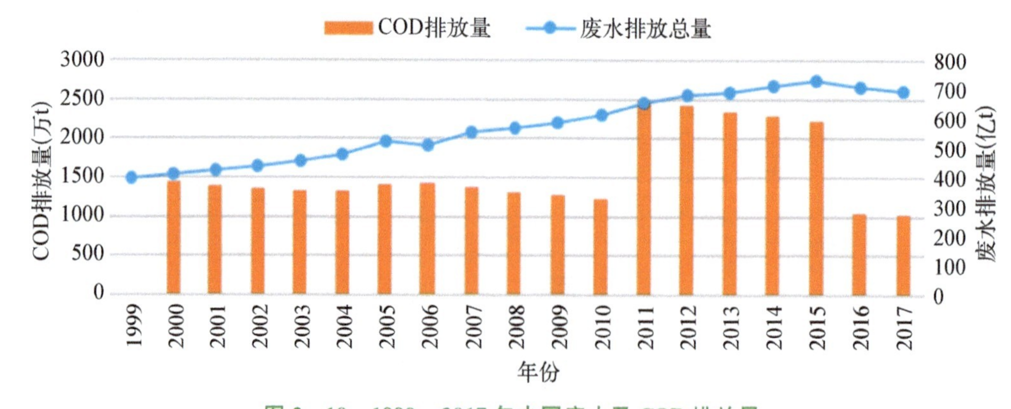

图2-10 1999～2017年中国废水及COD排放量

承德市环境保护“十二五”（2011～2015年）和“十三五”（2016～2020年）规划期间，开展了大量工程和非工程措施来减少水污染物的排放。具体实施的水污染物治理工程

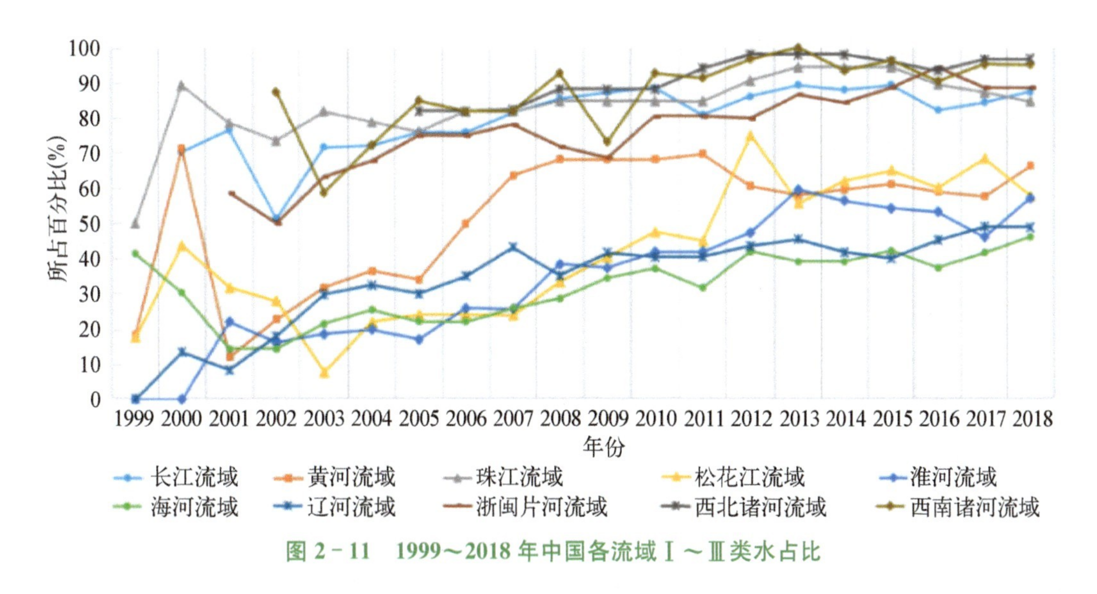

图 2－11　1999～2018 年中国各流域Ⅰ～Ⅲ类水占比

项目有流域污染源治理项目、农业面源污染防治工程项目、生态修复与保护项目、集中式饮用水源地保护工程、环境监管能力建设项目等。主要的非工程措施包括河长制、生态补偿政策等。通过实施这些措施，承德市的主要水污染物排放总量得到了有效控制，集中式饮用水水源地得到治理和保护，重点工业污染源实现达标排放，城镇污水治理水平显著提高，污染严重水域水质有所改善。

对承德市水污染防治工程的推广性进行总结：

(1) 污水处理与管网改造工程对城乡点源污染控制有效，明显改善水质，值得推广。

(2) 重点行业水污染物减排工程可有效减少重点行业污染输出，且成本效益较优，但承德市大型污染企业较少，该措施可在其他具有大中型污染行业的城市推广。

(3) 生活垃圾聚集处理工程、畜禽养殖搬迁及粪便无害化工程、生态修复工程、农村面源污染防治工程等可在点源污染有效控制时进一步改善水质，值得推广。

对一系列的水污染防治非工程措施进行不同流域类型(水资源丰富型/水资源匮乏型)的适用性分析：

(1) “生态补偿”措施可有效促进各种污染防治工程顺利实施，对水源地保护区保障了生态安全，对水资源消费区保障了经济社会生态稳定，对水源地保护地区非常值得推广，十分适用于水资源丰富型流域。

(2) “河长制”明确了河长任务，并通过逐步健全考核评价、监督问责制度，及开展流域性的合作共治机制，使得承德市的流域性综合治理取得了较好成果，该措施在两种类型的流域均有极高的适用性。

(3) 水资源保护、水环境治理、水生态修复,“三水共治”的理念体现了人与自然的和谐发展,承德市加快推进“三水共治”,开展了一系列工程项目,生活垃圾治理工程、污水治理项目、环境监测等措施,对流域类型没有特别要求,具有较好的适用性。

(4) “农业八字宪法”有效推进了承德市多项农业面源污染控制工程与绿色技术,提高了农业生产综合能力;节水农业、精准施药及减量控害技术、合理安排调整种植业结构等均有利于农业面源污染防控,对流域类型没有特别要求,可以广泛推广使用。

(5) 基于“三线一单”空间管控措施,承德市划分了优先保护单元、重点管控单元、一般管控单元共计 169 个管控单元,对于生态保护区、城镇、农村均提出了相应的管控要求,对水污染防治具有积极促进作用,可在各种流域推广使用。

(6) 守住“三条红线”,实行最严格的水资源管理制度,促进了水资源的合理开发、综合治理、优化配置、高效利用和有效保护的实现,为承德市经济社会长期平稳较快发展提供了坚实的水资源保障,对国内各流域都有借鉴价值。

(7) 根据控制区识别和分析流域水环境问题,可明确治污的重点和方向。承德市根据各控制单元水质、水污染以及水生态状况,将 22 个单元分为水质维护单元、污染治理单元以及生态恢复单元 3 类,有针对性地采取控源、治理、修复、风险防范等措施。“污染控制单元”对不同类型流域具有较高适用性。

(8) “节水优先”推动用水方式由粗放向节约集约转变,“空间均衡”合理确定经济社会发展结构和规模,“系统治理”强化流域综合整治,促进生态系统修复,“两手发力”发挥好政府与市场在解决水问题上的协同作用。该措施适用于不同类型流域,尤其适用于水资源匮乏型流域,对经济、社会和生态效益的提高作用十分明显。

2.4.3.2 承德市水污染防治方法的环境效率评价与动因分析

1. 研究内容与方法

通过构建环境效率模型,定量解析各类水污染防治方法的环境效率变化趋势及动因分析。测算承德市历年整体的水污染防治方法的环境效率,进行驱动因素分析,分析不同因子对整体水污染防治环境效率的影响程度。主要研究方法包括:产出导向 BBC 模型测算承德市历年整体的水污染防治方法环境效率;非角度规模报酬不变 SBM 模型测算点源、面源防治措施的环境效率;SBM - SFA - SBM 三阶段 DEA 模型测算水污染防治非工程措施环境效率;K - W 检验、Tobit 回归分析进行驱动因素分析。

2. 主要结论

2003～2017 年承德市整体水污染防治方法环境效率呈上升趋势，近年环境效率较高。非工程措施环境效率呈上升趋势，在近年同样达到稳定，当前承德市实施的非工程措施有效性较好(见图 2－12)。根据动因分析结果，发现工业占比与第三产业占比均对承德市整体水污染防治方法的环境效率有负面影响(见图 2－13)。

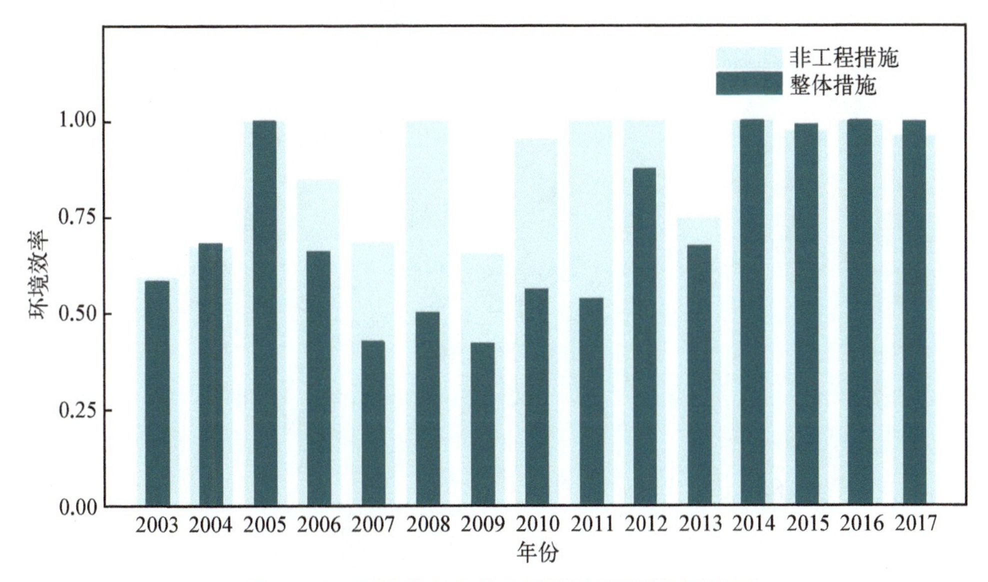

图 2－12　整体措施及非工程措施环境效率对比图

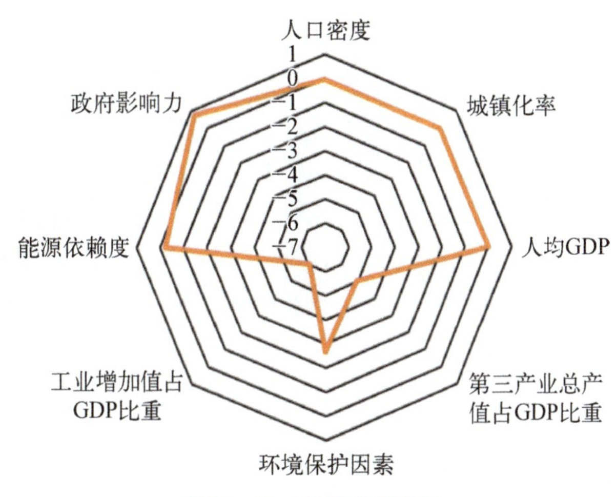

图 2－13　动因分析结果

承德市仅有 5 座污水处理厂的环境效率达到有效，提高其负荷率、污水处理量、氨氮与 COD 的去除量可改善污水处理厂的环境效率(见图 2－14)；AAO(Anaerobic Anoxic Oxic)工艺相比 BIOLAKE 工艺，在污水处理厂中具有更高的适用性。

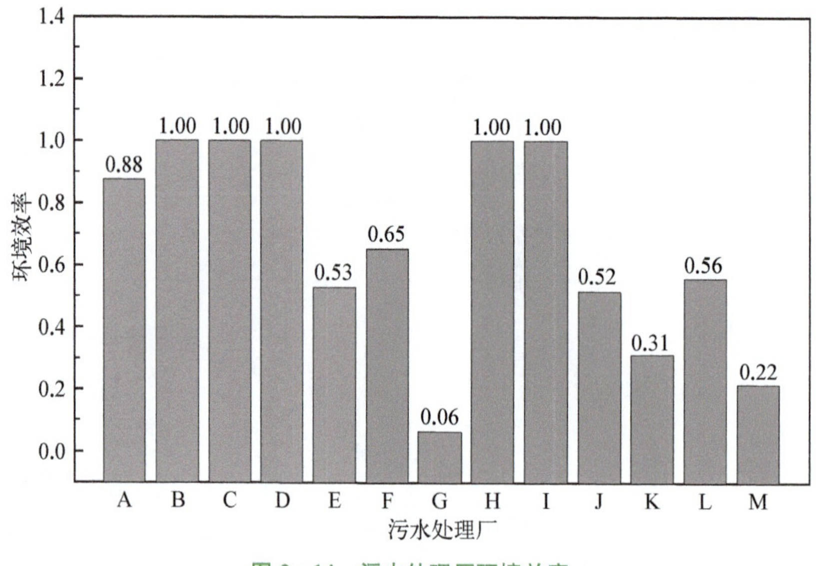

图 2-14 污水处理厂环境效率

坡耕地改造工程措施环境效率近年较高(见图 2-15)。坡耕地改造措施在中、北部土石山区具有更高的适用性。人口密度对坡耕地改造环境效率具有负面影响;气象因素和经济发展水平对环境效率有正向影响。

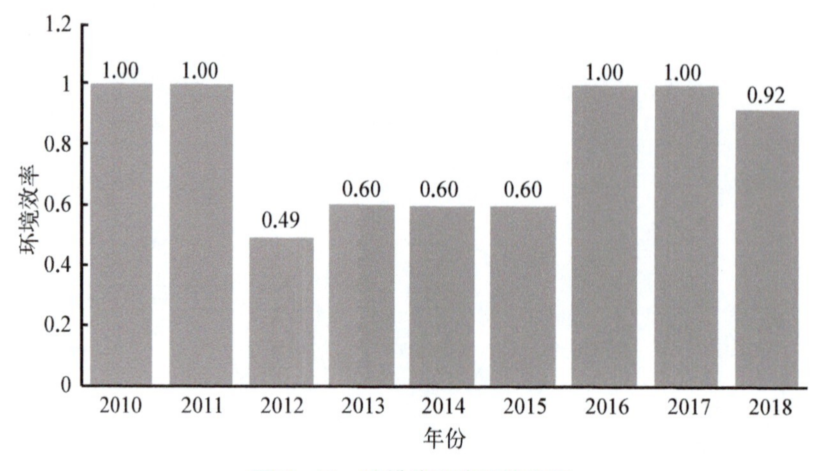

图 2-15 坡耕地改造环境效率

承德市点源污染防治工程措施以污水处理厂为代表,不同污水处理厂环境效率差别较大,提高其负荷率对该处理厂环境效率的提升存在显著作用。面源污染防治工程措施的效率在不同地区效率存在差异,该措施在南部山区环境效率较低,其原因是承德市南部山区属于石质山区,坡耕地污染物输出量小,与北部土石山区相比,治理效果不理想。故需要根据不同地区的面源污染特征和当地水土资源特点开展针对性治理。

2.4.3.3 承德市流域水污染防治方法有效性评估

1. 研究内容与方法

根据承德市水环境状况实地调研获得的数据构建环境-社会-经济数据库；建立水污染防治有效性评估指标体系，使用熵值法、均方差权值法等确定指标权重，结合层次分析法与模糊综合评判法对各水污染防治方法在承德市的适用性进行评价。同时设计问卷，调查并分析承德市不同人群对承德市各地水环境和水污染防治方法实施效果的满意程度。

2. 主要结论

序批式活性污泥处理（Sequencing Batch Reactor Activated Sludge Process, SBR）工艺在环境、经济、技术维度上都表现最优；当决策者注重污水厂整体效益时，优先推荐选用 SBR 工艺（见图 2-16）。氧化沟工艺有效性较差，其运营条件和技术成本过高。

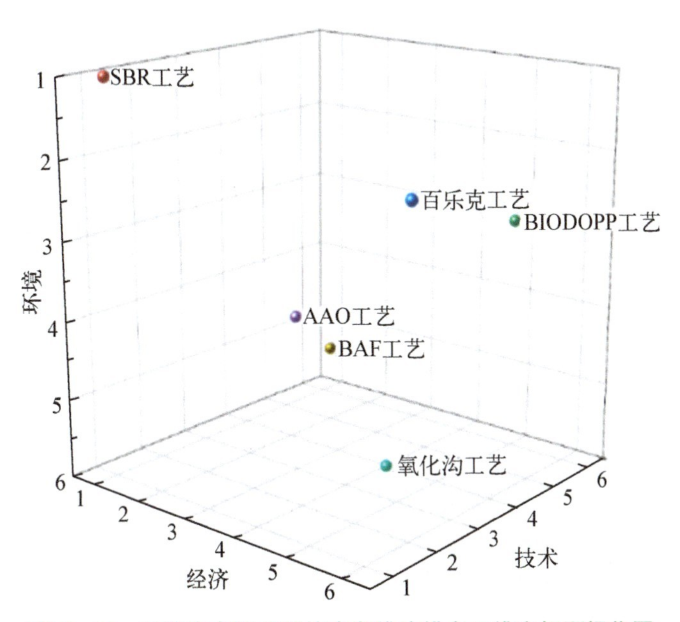

图 2-16 承德市点源工程技术各维度排名三维坐标可视化图

承德市近年来种植业、畜禽养殖业、农村垃圾治理等面源污染防治方法都取得了较好的效果（见表 2-1），但仍有改进的空间。

承德市非工程措施的构建质量、实施效果及其整体情况均处于良好状态；结合调查问卷结果表明，非工程措施在调动群众积极性方面仍能进一步提升。

表 2-1　面源污染防治工程技术有效性评估

水污染控制项目	项目类别	方法措施	评价等级
面源污染防治	种植业	精准施药及减量控害技术	良
	畜禽养殖业	建设粪便处理厂进行废弃物资源化利用	良
	生活垃圾治理	建设垃圾转运站、垃圾处理场	良
	水土流失治理	坡耕地水土流失综合治理工程	良

大多数人赞同承德市水污染防治方法实施效果较好，对水质改善作用明显，认为工程措施与非工程措施均具有较高的有效性(见表 2-2)；大多数市民对承德市的水污染防治工作表示满意。

表 2-2　非工程措施评价指标分数

目标层 U	总分数	准则层 Z	准则层分数	指标层 A	指标层分数
流域非工程措施评估	3.831 0	政策构建 Z1	3.847 7	目标 A1	3.833 2
				信息公开 A2	2.833 3
				资金使用 A3	2.666 8
				执行者 A4	3.833 2
				组织机构 A5	3.333 4
				市民 A6	3.500 0
		政策效果 Z2	3.809 7	环境变化 A7	4.000 0
				意识变化 A8	4.000 0
				生活变化 A9	3.500 0

2.4.3.4　面向水污染防治有效性的流域水污染模拟及效果分析

1. 研究内容与方法

构建 SWAT 面源污染模拟模型，模拟承德市面源污染负荷及时空分布规律，识别流域关键源区，分析出在不同水污染防治措施组合情景下，承德市滦河流域污染物削减效果及费用效益，从而提出适宜的水污染防治措施。利用 MIKE 11 模型，模拟承德市滦河流域水质变化情况，分析出在不同污染物削减组合情景下，承德市滦河流域各河流水质变化情况，比较分析 EC、ES 的变化，从而提出适宜的污染物削减方案。在污染物模拟基础上，构建不确定条件下的优化模型，以系统效率(污染物削减量/成本投入)为目标，得到各子流域各水污染防治措施组合的实施规模和布局，进而提出合理的污染负荷削减措施与对策。

2. 主要结论

(1) 基于 SWAT 模型模拟非点源污染

如图 2 - 17 和图 2 - 18 所示，TP(Total Phosphorus)输出负荷Ⅰ类区主要集中在子流域 1 - 2、8 - 9、24、26、28。

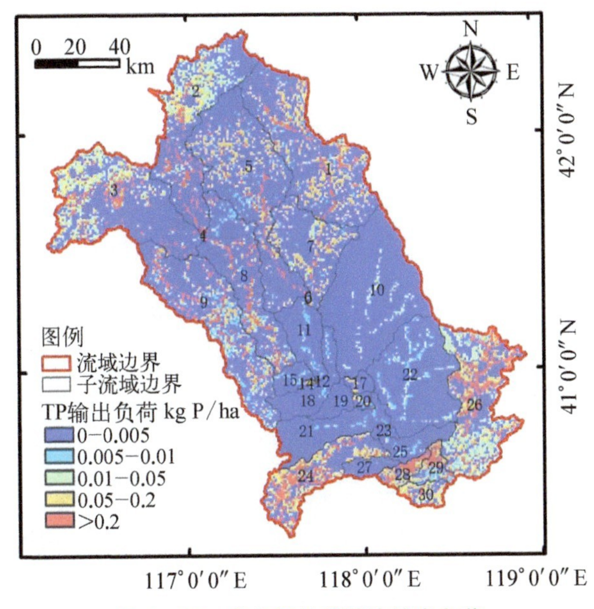

图 2 - 17　非点源总磷污染输出负荷

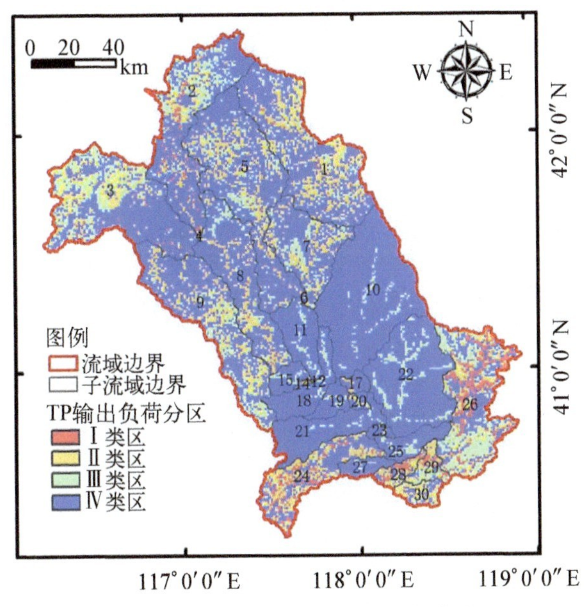

图 2 - 18　非点源总磷污染输出负荷分区

如图 2－19 所示，S13 情景削减效率最高、S6 和 S14 情景次之，S2 情景效率最低。而就成本效益而言，S3 情景成本效益最高、S2 和 S4 情景次之，S6、S13 和 S14 情景效益最低。尽管 S1、S2 情景的成本效益较高，然而植物缓冲带措施需要占用一定的土地面积，这对此 2 种措施的使用有一定的限制。尽管 S6 情景的成本效益较低，然而如果管理得当，梯田措施在后续运行中可以有一定的收益弥补该措施成本较高的问题。

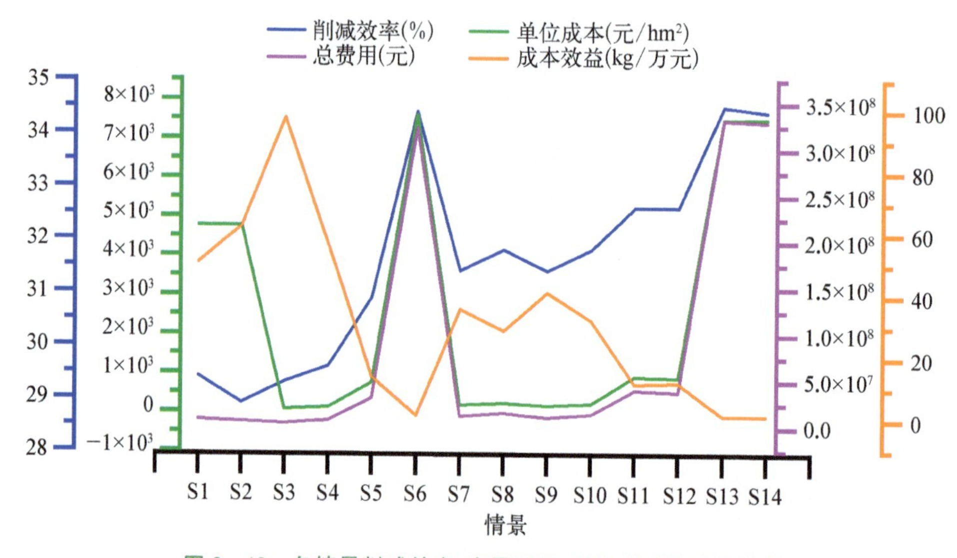

图 2－19　各情景削减效率、布置面积、单位成本及成本效益

如表 2－3 所示，Y1 情景更加注重削减效率，Y2 情景在注重总费用和费用效益的基础上更加注重削减效率，Y3 情景在注重削减效率和费用效益的基础上更加注重总费用，Y4 情景更加注重总费用。如图 2－20 所示，Y1 情景优选出 S3、S9、S13 情景为推荐的防治方案，即化肥减量 10%、植物缓冲带 1/50＋化肥减量 10%、梯田（0°～20°）＋植物缓冲带 1/40；Y2、Y3、Y4 情景优选出 S3、S2、S4 情景为推荐的防治方案，即化肥减量 10%、植物缓冲带 1/50、化肥减量 20%。

表 2－3　方案优选权重设置

情　景	削减效率	总费用	费用效益
Y1	0.8	0.1	0.1
Y2	0.4	0.3	0.3
Y3	0.3	0.4	0.3
Y4	0.1	0.8	0.1

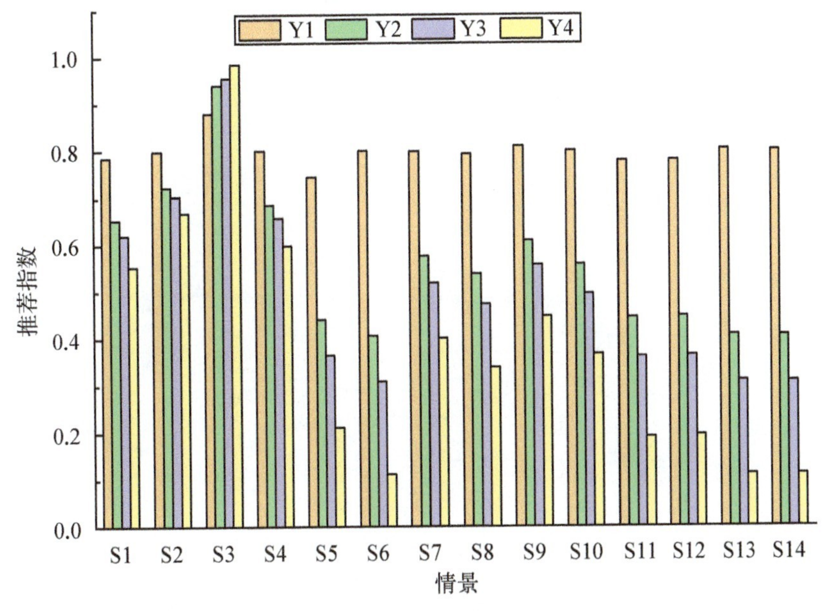

图 2-20　防治方案推荐指数

(2) 基于 MIKE 11 的滦河干流承德段水污染防治方案研究

对水污染防治方案进行水质响应分析，结果显示点源减少 30%对污染物浓度削减效果明显，在上板城断面 NH_3-N、COD、TN、TP 的削减率分别达到 15.2%、7.9%、6.1%、2.4%；面源减少 30%对 NH_3-N、COD 削减效果不明显，对 TN、TP 削减效果显著，在偏桥子大桥断面削减率分别达 13.7%、27.1%；上游来水增加 10%对各污染物均有一定的削减作用，但随距上游距离的增加，削减效果逐渐减弱(见表 2-4 和图 2-21～2-24)。

表 2-4　水污染防治方案设置

	点源−30%	面源−30%	上游来水+10%
情景 1			
情景 2	√		
情景 3		√	
情景 4	√	√	
情景 5			√
情景 6	√		√
情景 7		√	√
情景 8	√	√	√

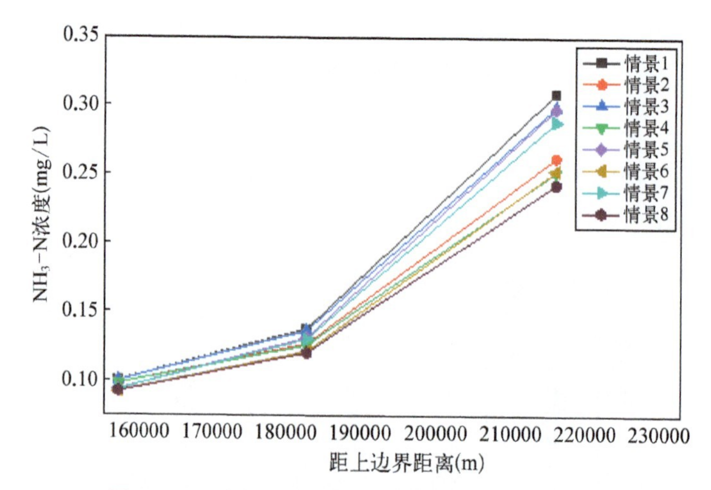

图 2-21 滦河干流典型丰水期 NH_3-N 浓度变化

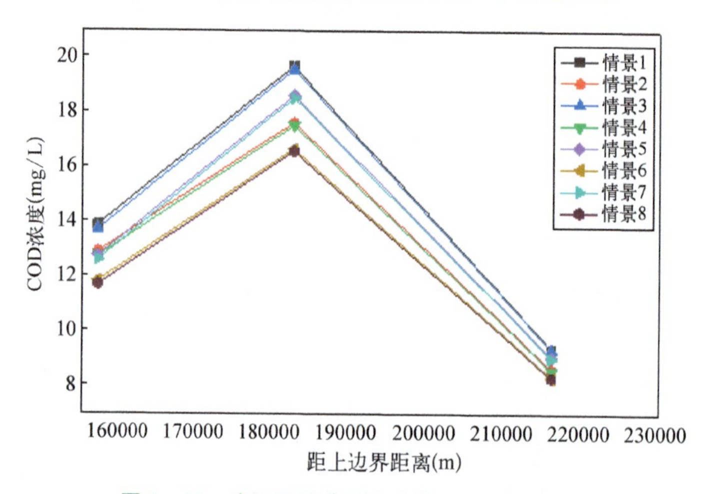

图 2-22 滦河干流典型丰水期 COD 浓度变化

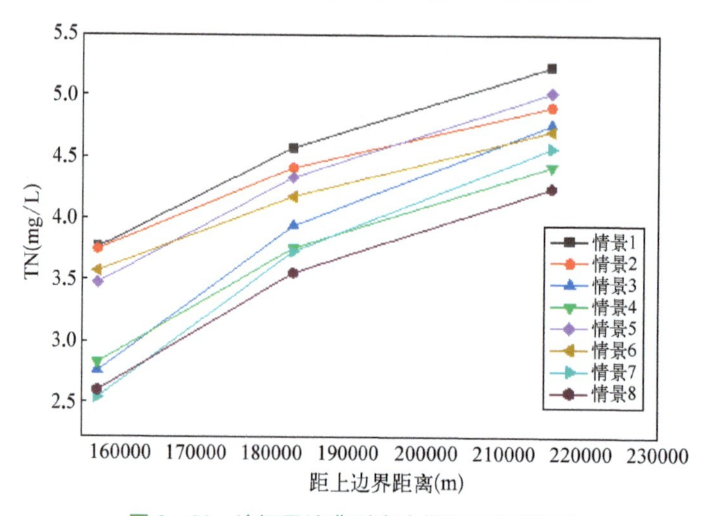

图 2-23 滦河干流典型丰水期 TN 浓度变化

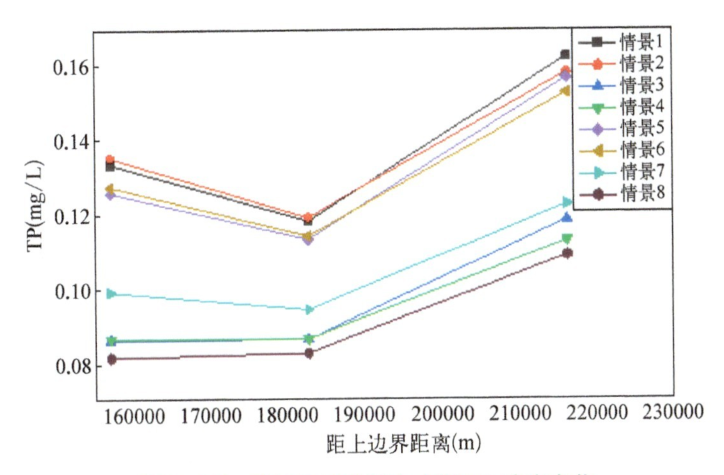

图 2-24 滦河干流典型丰水期 TP 浓度变化

对水污染防治方案进行 EC 响应分析，NH_3-N 与 COD 容量的变化规律基本一致，上游来水增加 10%>点源污染削减 30%>面源污染削减 30%，如 NH_3-N 在上板城-乌龙矶段容量分别增加了 10.8%、3.2%、0.7%；面源削减 30%对 TN 和 TP 的增容效果明显，在上板城-乌龙矶段分别达到了 13.0%、25.2%；总而言之，滦河干流水环境容量尚为可观，但 TN 超负荷严重(见图 2-25～2-28)。

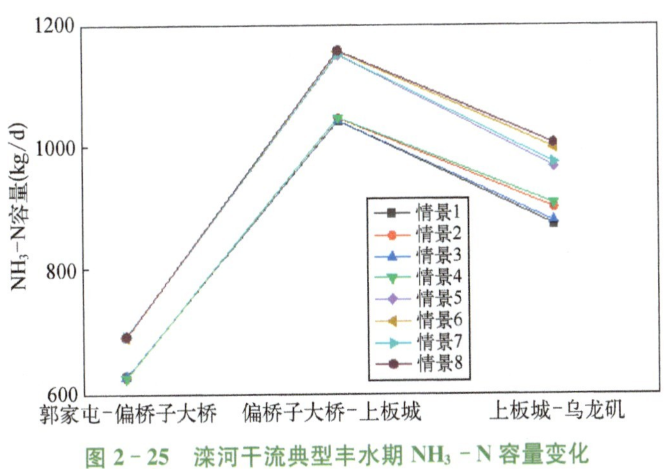

图 2-25 滦河干流典型丰水期 NH_3-N 容量变化

利用 Tennant 法对 8 种方案下滦河干流 ES 状况进行评价，取三道河子处流量数据进行计算，结果表明，上游来水增加 10%可在一定程度上提高 ES 水平，点源污染削减 30%、面源污染削减 30%对 ES 变化影响不大。总体上来说，滦河干流丰水期流量充足，在不同的模拟情景下均可满足需求，可为水生动植物提供良好的栖息和生长环境。

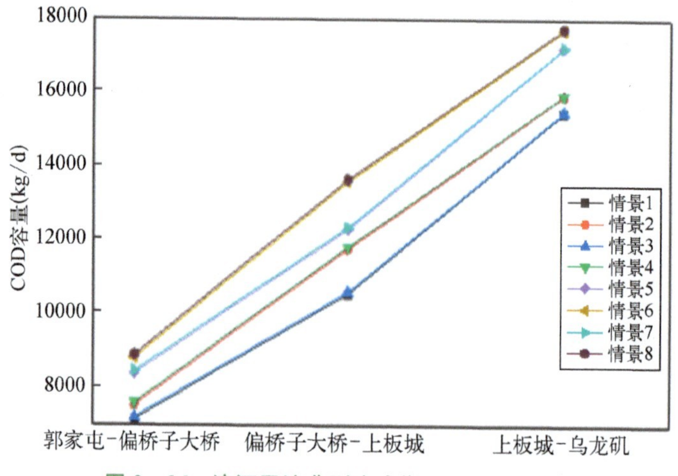

图 2-26　滦河干流典型丰水期 COD 容量变化

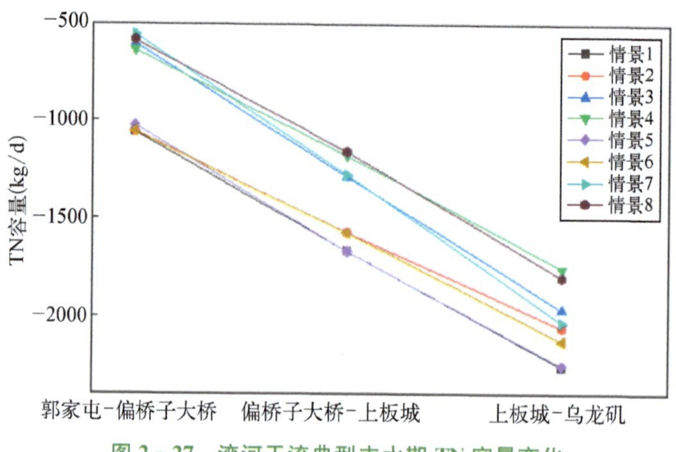

图 2-27　滦河干流典型丰水期 TN 容量变化

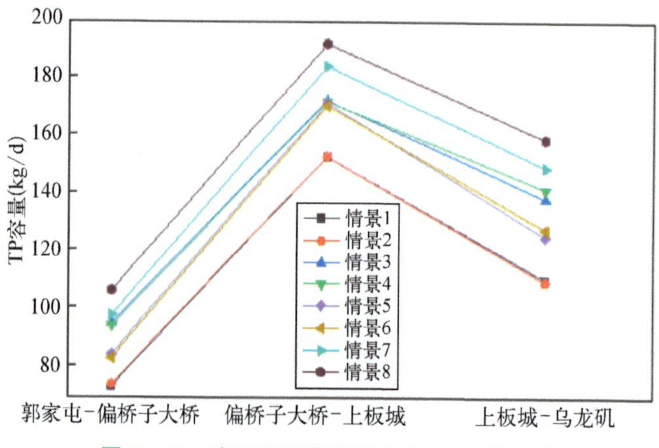

图 2-28　滦河干流典型丰水期 TP 容量变化

(3) 承德市水污染防治措施优化布局

污染物削减比例为5%时,减少化肥使用量和等高种植的实施规模接近最大;坡耕地改造和粪便处理系统的规模在削减比例为5%和10%时增加,后不变;由缓冲带和人工湿地规模产生的防治措施的总成本和各类措施的成本随污染物削减量的增加而增加,总成本从[47.7,75.8]×10^7元增加至[110.2,151.9.8]×10^7元(见图2-29)。当削减比例为5%时,坡耕地改造投资成本最高,占总成本的比例为31%~36%;当削减比例为10%和15%时,缓冲带的投资成本最高,占总成本的比例为25%~35%;当削减比例为20%时,人工湿地的投资成本最高,占总成本的比例为39%~44%。

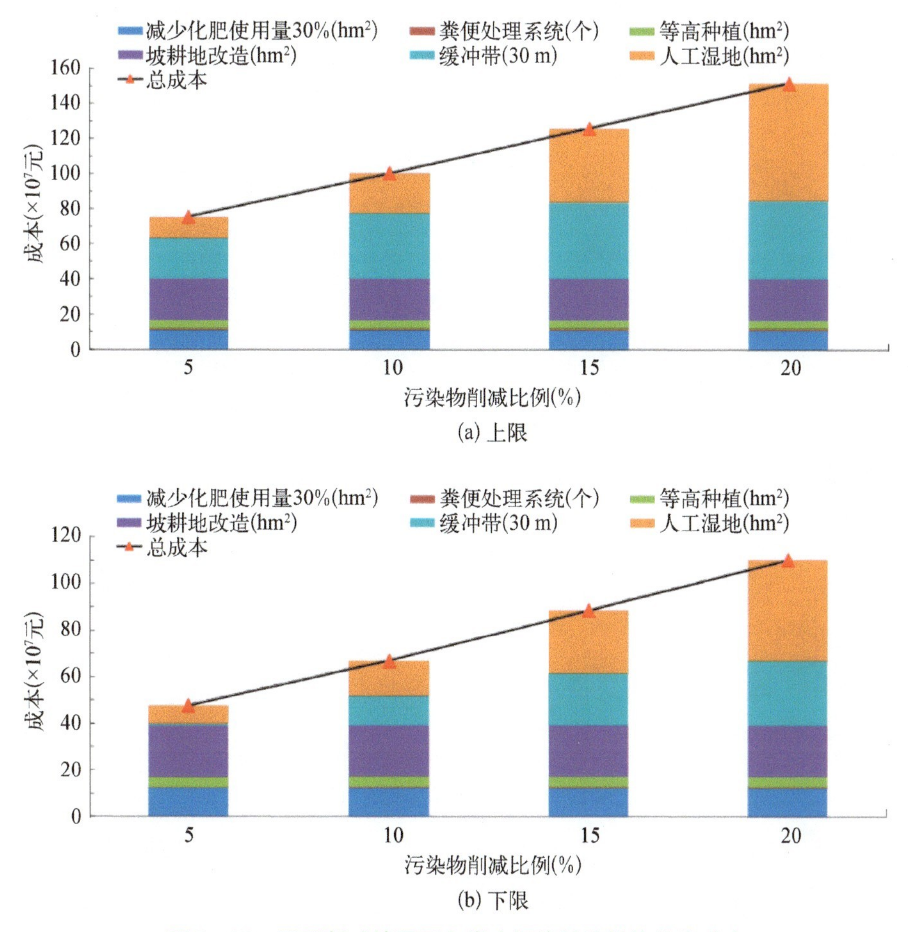

图2-29 不同削减情景下各类水污染防治措施投资成本

随着削减比例的增加,单位成本的TP和TN污染物削减量不断减小,从[75,103]kg/万元减少至[70,85]kg/万元(见图2-30)。这主要是因为随着污染物总削减量目标提高,人工湿地、缓冲带这种单位成本污染物削减量低的措施建设规模增加。

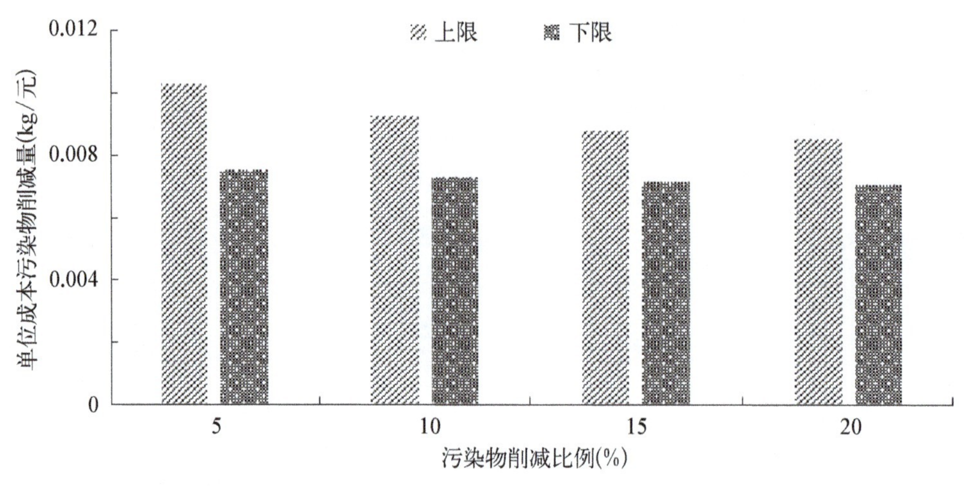

图 2－30　不同削减情景下单位成本的 TP 和 TN 污染物削减量

2.4.4　主要创新点

（1）针对水污染防治措施环境效率的评估多从区域整体角度考虑，鲜少从各种防治方法角度进行评估，且水污染防治非工程措施实施效果难以量化和评估。首先，在对整体环境效率进行评估的基础上，进一步对具体的水污染防治工程措施与非工程措施进行评估，为各种水污染防治方法有效性的提升给出具有针对性的建议；其次，引入了三阶段数据包络分析模型(SBM)，从综合效率中提取出纯管理效率，实现了对难以进行量化的非工程措施的有效性评估。

（2）针对当前水污染防治措施缺少完善的评价体系和评价方法这一问题，首先构建了承德市水污染防治工程和非工程措施评估指标体系；其次，利用层次分析法、模糊综合评价法等评价方法，从经济、社会、环境多个维度，对点源、面源水污染的工程和非工程措施进行综合评价。

（3）针对现有水污染防治措施评估研究鲜有在考虑空间异质性的情况下对多种污染物削减方案、多种水污染防治措施组合实施效果进行模拟这一问题。一方面，建立 MIKE 11 水质模型对承德市滦河流域进行多种水污染防治方案进行水质模拟，并分析了不同方案下 EC、ES 变化情况；另一方面，建立大尺度分布式水文模型 SWAT 模拟承德市滦河流域不同水污染防治措施组合情景的污染物削减效果，并分析其费用效益，为滦河流域主要污染物总量控制以及削减方案实施提出合理对策。

（4）针对现有研究鲜有在考虑空间异质性和信息不确定性的情况下权衡多个目标对

水污染防治措施的规模和布局进行规划这一问题，建立了基于输出系数模型的区间分式规划方法，搭建流域尺度下的水污染防治措施规划模型，权衡环境和经济 2 个相悖的目标，得到不确定条件下水污染防治措施的实施规模和布局，为流域治理和污染防控提供决策支撑。

该研究成果将为承德市 IWEMP 编制、“十四五”时期流域水污染防治和水资源水环境综合管理规划编制提供决策依据，提高流域水污染防治效果的有效性。构建了定量化模型，系统测算了承德市滦河流域水污染防治的效率和主要方法的有效性；构建了基于 3E 的流域水环境模型与优化调控模型，为流域水污染防治提供决策。

3 国家级灌区遥感ET监测和管理平台

3.1 开发农业节水监测和地下水管理系统GIS平台*

3.1.1 项目背景和意义

1. 项目背景

耗水监测对农业水资源管理、区域水资源利用规划和社会经济可持续发展至关重要。传统监测蒸腾蒸发方法的局限性主要在于无法做到大面积同时观测，只能局限于观测点上，因此人员设备成本相对较高，既不能提供面上的耗水数据，也不能提供不同土地利用类型和作物类型的蒸腾蒸发数据，因此，基于传统蒸腾蒸发数据很难实现区域耗水管理。

采用遥感手段对海河流域耗水情况进行监测是世界银行推荐的一项新技术。利用遥感可以做到对区域耗水的定量监测。遥感监测以像元为基础，能够将作物蒸散量在空间上的差别监测出来，能更好地提供田块级的作物耗水信息，这也是遥感技术应用于耗水监测的优势。

灌区耗水管理离不开耗水数据的支持。解决蒸腾蒸发量的长期、持续监测问题，有效的方法是建设专业化、业务化的耗水监测与分析系统。目前，遥感技术是灌区尺度耗水监测的有效手段之一，因此，建立一个以遥感技术手段为支撑的灌区耗水监测系统，是提高灌区管理水平、管理精准化以及项目具备持续性的一个重要保障。

当前，数据库技术在各类业务应用系统中普遍应用。在本项目中，灌区基础数据、遥感监测数据、模型参数及运算结果等，来源广、数量大、种类多，需要通过数据库建设，保

* 由呼唤、徐锐执笔。

证数据准确性和一致性，提高数据查询效率，支持平台的扩展性。

2. 项目意义

近年来中央“一号文件”对如何实施水资源管理多次提出了明确要求。2012年起，中国实行最严格水资源管理制度，实施水资源管理“三条红线”（即水资源开发利用控制红线、用水效率控制红线、水功能区限制纳污红线）控制、“四项制度”（即用水总量控制制度、用水效率控制制度、水功能区限制纳污制度、水资源管理责任和考核制度），这对如何做好水资源管理工作，提出了政策依据和制度保证。

随着知识经济的到来，智慧管理思想已经成为指导管理的核心，其利用组织智力或知识资产创造价值。智慧管理不仅仅是体现在对已形成的知识进行管理，更多的是体现在知识产生过程以及知识创新中的管理。

因此，通过本项农业节水监测和地下水管理系统数据库建设，期望能运用现代智能手段，将各种积累知识、模型成果等数据进行整合、展示，为灌区及区域水资源管理者提供流程化、专业化、业务化工具，以利于灌区与区域水资源管理者更好地进行管理与决策，提高灌区水资源管理水平，提高灌区水分利用效率，保障流域国民经济发展和人民生活质量改善。

3.1.2 项目目标与主要内容

3.1.2.1 项目目标

1. 总体目标

负责全部中国灌溉排水发展中心耗水管理平台的总体开发、协调与装配及农业节水监测和地下水管理系统数据库，为灌区/区域水资源综合管理提供专业化、业务化的管理工具。

2. 具体目标

集成遥感ET系统模型、地下水净开采量估算模型、有效灌溉面积及实际灌溉面积测算模型、有效降雨模型等相关模型，建立灌区节水效果、水资源综合管理效果评估示范推广平台；形成从数据采集和预处理、数据产品生产、统计分析、业务功能分析评价、数据产品发布共享的业务化流程，提供灌区耗水监测与分析、灌溉用水效率监测与分析，面向灌区的交互式信息查询和作物耗水分析等功能，为灌区耗水管理提供业务支撑平台。

3.1.2.2 主要内容

系统研发应遵循软件研发基本流程：需求分析、软件及数据库设计、编码与单元测试、集成测试、系统测试。主要工作内容包括：灌区调研及基础数据收集、需求分析、软件及数据库设计、模型集成、系统开发（包括数据产品生产系统开发、水资源综合管理效果评价系统开发、数据成果发布共享系统开发）、基础软件和硬件设备采购、系统培训。

1. 灌区调研及基础数据收集

基础数据分为空间数据、卫星影像数据、属性数据。空间数据包括：基础地理数据、高程数据、土地利用数据、土壤分布数据；属性数据包括：人口社会经济数据、气象数据、水文数据、作物资料、土壤墒情数据、决策相关资料（如配水计划、实施方案等）。

2. 需求分析

结合系统建设目标和任务，系统用户定位和功能需求、系统总体架构和各模块间逻辑关系、模块接口设计、数据库和数据字典设计、系统运行（软件和硬件）环境，以及网络安全等方面的需求分析。

3. 软件及数据库设计

以灌区和县级行政区为基本单元进行数据库建设，构建相关基础信息数据库架构，并根据数据库建设的需求购置磁盘阵列存储器与服务器端使用的商业数据库软件（磁盘阵列不小于 12 盘位 6 盘，商业数据库软件至少采用 SQLServer2012 标准版 5 用户嵌入式），纳入并交给总平台应用。

数据库是实现 ET 等数据产品生产与分析业务化系统的核心纽带，基于统一的数据库实现灌区遥感 ET 等数据产品的生产、统计分析、发布共享。业务系统与数据库分层管理，便于系统的稳定、升级维护以及其他业务系统的链接。

基于多源信息综合的数据管理系统开发，实现对数据库表主要操作功能的界面化，包括数据库表的组织管理，数据库表信息查询、更新、删除等功能。

4. 模型集成

集成遥感 ET 系统模型、地下水净开采量估算模型、有效灌溉面积及实际灌溉面积测算模型、有效降雨模型等相关模型。

5. 系统开发

（1）数据产品生产系统开发

基于上述模型，针对试点示范项目区（灌区、行政区）提供数据产品的业务化、流程化生产系统，数据产品包括有效灌溉面积、实际灌溉面积、种植结构、粮食单产和产量、耗水量（ET）等，以及在此基础上的作物水分生产率、净灌溉水量等二次数据产品。

(2) 水资源综合管理效果评价系统开发

根据任务 TOR3-5-1 所提出的"基于耗水(ET)控制的水资源综合管理效果评价指标和评价方法",设计和开发水资源综合管理效果评价系统,为试点示范项目(灌区、行政区)水资源综合管理提供业务化的评价系统。

(3) 数据成果发布共享系统开发

为各类系统用户提供数据产品审核发布、信息检索功能,同时为其他系统提供数据产品获取、模型访问的服务接口。

6. 系统使用培训

应至少对不同类型的系统用户安排 3 次技术培训,并建立通畅的问题解答渠道。

本系统建成后,主要工作为气象、水文等监测数据的定期维护,新增灌区的基础数据、遥感数据、气象数据、水文监测数据等的收集整理入库,定期完成数据产品的生产、分析、相关业务的分析评价、数据成果发布共享。

3.1.3 技术路线

农业节水监测和地下水管理系统集成多套成熟模型,包括 ETWatch 模型,SWAP-PEST 模型和有效灌溉面积及实际灌溉面积计算模型、水资源综合评价模型等,实现相关数据产品生产和区域水资源管理效果分析评价。各个计算模型自成体系,有独立的输入、计算流程以及输出结果。如何有效使各个计算模型协同工作,需要在系统的设计中解决。

系统的运行需要多源数据的支撑,如遥感影像、GIS 数据、水文监测数据、文档、图片等。面向不同层级的用户,需要设置不同级别的操作权限。

另外,本次系统的使用范围是 2 个大型灌区和 2 个示范项目县,后期项目可能要面向国家灌区管理监测系统的业务需求。

综上所述,系统的设计要求具备一定的超前性,这对系统的模块化及可扩展性都提出了较高的要求。本设计应对以上的要求,总体上采用面向服务(Service-Oriented Architecture, SOA)的架构,对各类水利业务数据进行梳理,建立面向对象水利数据模型;将业务逻辑封装成多个 Web 服务构成应用支撑层;采用前后端分离的策略构建业务应用系统。

3.1.3.1 总体设计原则

为实现上述的项目建设目标,在系统设计时我们将贯彻以下设计原则:

1. 先进性原则

体现整体方案技术架构先进合理，应用软件系统结构清晰、功能完善，具有兼顾信息技术的发展趋势和稽核业务的发展要求。

2. 统一性原则

在设计开发软件版本时，坚持统一规划、统一标准、统一开发、统一管理和统一实施的原则。

3. 安全性原则

应用系统建立在成熟稳定的硬件环境和应用软件基础上，通过完善的备份恢复策略、安全控制机制、可靠的运行管理监控和故障处理手段保障系统的稳定安全运行。

4. 均衡性原则

在进行系统整合、功能划分的时候，充分发挥各种硬件资源、系统资源的优势，合理安排系统的应用结构，达到均衡的目的。

5. 可扩展性原则

在系统的规划、设计和实现中，充分考虑未来业务的发展和管理的变化。

6. 可用性原则

应用软件系统对硬件的要求不能脱离实际；同时，在操作上应具有友好的人机界面，尽量降低应用系统对业务人员的技术要求；在系统的维护上，目标系统应使系统管理员能够方便地管理数据、前后端的应用程序以各底层支撑系统。

7. 灵活性原则

系统必须具有相当的灵活性，以便适应外界环境的不断变化，而且系统本身也需不断修改和改善。

8. 规范化原则

系统设计、开发和维护工作都严格按照软件工程的方法执行，并严格遵照 ISO9001 和 CMMI5 过程规范标准执行。

3.1.3.2　数据库设计原则

针对系统数据的特点和公共系统数据的共性，在设计数据库的时候，必须遵循以下原则：

1. 命名原则

本项目数据库上的命名规则严格统一，准备的表示业务的功能并能区分数据层面的表象。

2. 隔离原则

本项目分配不同的表空间，保障系统既可以共享又可以彼此隔离。

3. 约束原则

本项目数据库，共享数据和服务；系统间的操作和调用，要保持数据的约束，构建完整的数据访问。

4. 逻辑原则

本项目数据库表构建充分遵循表的原始性、原子性和稳定性。

5. 范式原则

基本表及字段的关系，应尽量满足第三范式。尽可能地减少系统数据的冗余。

3.1.3.3　数据库架构设计

建设对象基础信息数据库、业务共享数据库、水资源综合管理数据库、计算模型管理库、地理空间库以及系统管理数据库，形成逻辑概念一致、集中统一的基础平台数据库。

3.1.3.4　技术实现

用户管理后端服务接口将结果以JSON方式返回给前端界面，前端界面接收到结果后进行结果的展现。后端服务实现REST风格的Web服务接口。

服务的后端实现采用JavaEE MVC框架，由路由控制器层、业务逻辑层以及数据访问层构成。

token-based的方式在技术实现时，将采用JWT(Json Web Token)标准。JWT标准是一个开放标准(RFC 7519)，它定义了一种紧凑和自包含的方式，用于在各方之间作为JSON对象安全地传输信息。

JWT在具体实现时，由登录Action、认证Filter、JWT Util等几个模块组成。

3.1.4　需求概述

系统研发阶段主要工作内容如下：数据库建设与数据管理系统开发、数据产品生产系统开发、数据产品分析系统开发、相关业务系统开发、数据成果发布共享系统开发、灌区耗水管理工具完善升级、功能集成及软件和硬件设备采购。系统建成后，主要工作为新增灌区的基础数据、遥感数据、气象数据、水文监测数据等的收集整理入库，定期完成数据产品的生产、分析，相关业务的分析评价，数据成果发布共享。

系统功能结构如表 3-1 所示。

表 3-1　系统功能结构

系统名称	系统功能	
数据产品生产系统	灌区数据采集与获取	查看输入数据
		设置计算参数
		查看结果
	地下水净开采量分析	查看输入数据
		设置计算参数
		查看结果
	ET 数据生成和分析	查看输入数据
		设置计算参数
		查看结果
	用耗水双控方法	查看输入数据
		设置计算参数
		查看结果
	数据结果与分析	灌溉面积
		作物及产量
		蒸散发结果
		灌水耗水降水关系
		灌溉用水量
		综合对比分析
		查看分析报告
		查看推广区成果
	基础数据信息	灌区基础信息
		县域基础信息
		测站基础信息
		测站监测数据
		灌溉制度信息
		作物信息
	用户管理	用户管理
		权限管理
水资源综合管理效果评价系统	效果评价	
	评价报告	
	发布管理	
数据成果发布共享系统	数据成果综合展示大屏	
	评估报告	
	数据查询及下载	
	审核发布	

3.1.5 系统架构设计

本项目总体采用面向服务(SOA)的架构，将应用程序的不同功能单元(称为“服务”)通过这些服务之间定义良好的接口和契约联系起来。

逻辑结构分为三层：数据层、平台层和应用层。

1. 数据层

建设对象基础信息数据库、业务共享数据库、水资源综合管理数据库、计算模型管理库、地理空间库和系统管理数据库，形成逻辑概念一致，集中统一的基础平台数据库系统。

2. 平台层

采用面向服务体系架构，构建统一应用支撑平台，将各种业务中的通用系统功能进行复用，形成组件，并在此基础上封装成可以调用的服务，通过服务的调用和再封装等技术，实现水利业务应用的协同，为上层业务应用提供公共开发和运行环境。应用支撑平台是水利信息资源形成整合共享的关键措施，可有效避免各应用对通用资源的重复配置及开发，具有领域内公共资源、共享服务的特质。

3. 应用层

通过对平台层服务的调用、结果展现为各业务系统，包括数据产品生产系统、水资源综合管理效果评价系统、数据成果发布共享系统和数据管理系统等。

3.1.6 应用支撑层设计

3.1.6.1 用户管理服务

用户管理服务主要作用是对业务应用的用户信息和用户授权进行管理，主要提供用户信息管理、机构信息管理、部门信息管理、岗位信息管理、角色信息管理和授权管理等功能。

1. 机构管理

机构是真实地反映当前系统运行时所涉及的机构的结构。每个机构包含若干不同的部门。机构的系统管理员可以管理辖区内的机构信息，并可随意定制机构层次结构。具体功能包括对机构的新增、修改、停用、启用等。

2. 部门管理

部门管理是真实地反映当前系统运行时所涉及的部门的结构。每个部门包含若干不同的岗位。各个部门具有不同的权限。具体功能包括对部门的新增、修改、停用、启用功能。

3. 岗位管理

岗位管理是真实地反映当前系统运行时所涉及的各部门岗位的信息。每个岗位可包含若干不同的用户。部门的系统管理员可以管理辖区内的部门信息，并可随意定制部门内各岗位层次结构。具体功能包括对岗位新增、岗位修改、岗位停用、岗位启用和岗位查询。

4. 人员管理

人员管理主要完成对人员相关信息的存储管理，由系统管理员完成。包括用户人员新增管理、人员修改管理、人员启用、人员停用和人员查询等功能。

5. 用户管理

主要完成对登录用户相关信息的存储管理，由系统管理员完成。包括用户新增管理、用户修改管理、用户密码重置、用户启用、用户停用和用户查询等功能。

6. 模块管理

对业务系统中的模块进行管理，包括模块的新增、修改、删除、查询等功能。

7. 角色管理

主要完成角色注册、角色修改、角色启用、角色停用及角色查询，系统按角色分配用户权限，角色管理是真实地反映当前系统运行时所涉及的各单位各部门角色的信息。每个角色都属于某一个系统，每个系统可包含若干不同的角色，每个角色可包含若干不同的用户。各个角色具有不同的权限；同一个级别的角色可以具有不同的权限。单位的系统管理员可以管理辖区内的单位信息，并可随意定制单位内各角色层次结构。具体功能包括对角色添加、角色修改、角色查询、角色查看以及角色停用和启用。

8. 权限管理

对用户进行授权管理，为用户分配角色。

3.1.6.2　权限控制思路

权限控制采用RBAC(Role Based Access Control)的基本思想，提供基于角色的通用权限控制功能。通过角色实现用户与访问权限的逻辑分离。

权限控制到各个业务功能（对应页面或菜单）以及功能页面上的通用的功能按钮（如新增、删除、修改等）。

因为开发整体采用了前后端分离的架构，所以在用户登录系统时，会把用户的权限信息发回前端，前端根据接口是否包含在列表中来控制 UI 上的页面、按钮是否显示。前端调用后端接口时，后端接口加上过滤器进行权限的判断。

3.1.7 项目成果示范与应用

本次系统的试点使用范围是2个大型灌区和2个示范项目县。但是，本系统的主要用户中国灌溉排水发展中心作为水利部直属事业单位，承担了全国农村水利有关规划、技术规范编制等管理工作，为全国灌溉排水、农村饮水、农业综合开发水利建设提供技术支撑和服务。从业务上需要对全国大中型灌区的水资源综合利用情况进行总体的把控。因此，平台的建设将在本课题要求的2个大型灌区和2个示范项目县的基础上，搭建全国农业用水监测管理信息平台的总体框架。

同时，系统还需要面向省级水利管理单位和大中型灌区管理单位开放，向他们提供数据录入的界面和信息发布的窗口。所以，面向不同层级的用户，需要设置不同级别的操作权限。

3.1.8 项目成效与影响

3.1.8.1 项目成效

基于RS、GIS和GPS等技术，集成相对成熟的基于遥感等多数源数据的灌区基础信息（灌溉面积、种植结构和作物产量、ET等）监测，灌区水平衡分析、灌溉用水效率分析。水资源消耗总量和强度分析等模型，建立灌区节水效果、区域节水压采效果、水资源消耗总量和强度监测评估示范推广平台，形成从数据采集和预处理，数据产品生产、统计分析、业务功能分析评价、数据产品发布共享的业务化流程，提供灌区耗水监测与分析、水资源消耗总量和强度分析、灌溉用水效率监测与分析，面向灌区的交互式信息查询和作物耗水分析等功能，为大中型灌区耗水管理提供业务支撑平台。

3.1.8.2 项目影响

通过本农业节水监测和地下水管理系统数据库建设，期望能运用现代智能手段，将各种积累知识、模型成果等数据进行整合、展示，为大中型灌区及区域水资源管理者提供流程化、专业化、业务化工具，以利于大中型灌区与区域水资源管理者更好地进行管理与决策，提高灌区水资源管理水平，提高灌区水分利用效率，保障流域国民经济发展和人民生活质量改善。

3.1.9 项目结论与建议

3.1.9.1 主要结论

将“实际灌溉面积”“ETwatch”“用水耗水双控模型”“种植结构”等模型集成到系统中，使用户可以在系统中进行不同灌区的模型计算结果的运算、保存和查询，模型计算的结果作为水资源评价的输入数据，进行灌区评价，灌区评价采用相关的指标参数进行，相对客观和科学，可为大中型灌区管理提供可靠依据。

3.1.9.2 项目创新点

为了支持SWAP模型、有效降水模型等模型长时间运算的需求，开发了Java异步调用框架。

3.1.9.3 经验与教训

对全国大中型灌区的业务理解更加深刻，系统功能和数据库设计更加规范和严谨。

因本次项目涉及的模型集成的课题组很多，而在系统前期模型集成部分和集成方式设计得不是非常全面，使得后面系统集成复杂程度提升很多，这个教训让项目技术团队认识到在以后涉及系统集成时，必须首先讨论出一个统一格式的定义模型的方式，以使系统集成更规范，降低系统集成的复杂度。

3.1.9.4 主要建议

建议本方案可以在多个示范区进行推广，这样可以对模型的计算结果进行更充分的验证，模型的精度也可以得到更好的率定和提高。

3.2 基于耗水控制的水资源综合管理评价体系*

3.2.1 项目基本情况

该项目结合《国务院关于实行最严格水资源管理制度的意见》《“十三五”水资源消耗总量

* 由吴迪、张旭东、石瑞强执笔。

和强度双控行动方案》,以及华北地下水超采区综合治理工作等要求,同时考虑项目区实际情况,开展基于ET控制的水资源综合管理效果评价指标和评价方法研究,项目主要目标包括:

(1) 结合国内外耗水(ET)管理和项目中其他课题相关成果,研究提出主流化、标准化的基于耗水(ET)控制的水资源综合管理效果评价指标和评价方法。

(2) 基于提出的水资源综合管理效果评价指标和评价方法,开发评价软件模块,动态评价项目区(晋州市、藁城区)水资源综合管理实施成效,并根据评价结果提出相关建议,同时在推广区(河北省石津灌区和内蒙古自治区河套灌区)进行应用,为资源型缺水地区水资源综合管理效果评价的标准化和规范化提供参考。

3.2.2 水资源综合管理评价指标和评价方法研究进展综述

3.2.2.1 评价指标

针对行政区、流域、灌区等不同评价单元,收集和整理了国内外水资源综合管理评价相关文献,针对其建立的评价指标进行归纳总结,为基于耗水(ET)控制的水资源综合管理效果评价指标的建立提供参考。

总体来看,目前水资源管理的研究对象(或评价单元)有流域、行政区、灌区等;评价内容包括最严格水资源管理、可持续水资源管理、水资源利用效率、现代化管理水平、节水灌溉效果等方面的评价内容;涉及水资源综合管理方面的评价指标较多,其中就耗水方面的指标也有所涉及,如水分生产率、高耗水作物面积比重、综合耗水率等,但从耗水管理理念出发,有针对性地建立基于耗水控制的水资源综合管理评价指标体系还没有。

3.2.2.2 评价方法

按照权数确定方法的不同,目前评价方法大致可分为主观法和客观法2大类。

(1) 主观法,即根据经验和重要程度人为给出权数大小,再对指标进行综合评价。主观定权的方法包括层次分析法、德尔菲法、线性加权法、模糊综合评价法、灰色关联法、物元可拓法等。

(2) 客观法,即构建综合评价模型,根据指标自身的作用和影响确定权数进行综合评价。这类方法包括熵值法、主成分分析、变异系数法、人工神经网络、投影寻踪方法、集对分析法等。

上述方法在进行综合评价分析中各有所长,需要根据评价指标性质和评价目的进行选择配合使用。鉴于所选择的方法不同，有可能导致评价结果的不同，因而在进行多目标综合评价时，应具体问题具体分析，根据被评价对象本身的特性，在遵循客观性、可操作性和有效性原则的基础选择合适的评价方法，以提高综合评价结果的准确度。

3.2.3 基于耗水控制的评价指标和评价方法

3.2.3.1 评价指标选取原则

评价指标选取原则：① 选取的指标体系中应有与耗水有直接或间接联系的指标；② 选取的指标含义明确且易于量化；③ 选取的指标尽可能避免相互关联；④ 从系统完整性考虑，选取的指标应兼顾其他课题产出成果；⑤ 指标体系应具有一定的代表性和层次性，如综合考虑资源量、效率、水质、生态环境等不同方面。

3.2.3.2 评价指标选取

综合考虑水资源综合管理的各方面内容，初步研究确定了包括用水、耗水、生态、效率、措施、管理等 6 大类的 21 项指标，具体指标如下：

1. 用水指标

(1) 用水总量：指区域(或灌区)内各类用水户取用的包括输水损失在内的毛水量之和，包括农业用水、工业用水、生活用水、生态环境补水 4 类。

(2) 万元工业增加值用水量：在一定的计量时间(一般为 1 年)内，城市工业用水量与城市工业增加值的比值，其中，工业用水量指工矿企业在生产过程中用于制造、加工、冷却(包括火电直流冷却)、空调、净化、洗涤等方面的用水，按新水取用量计，不包括企业内部的重复利用水量。

(3) 万元国内生产总值(GDP)用水量：年用水量(按新水量计)与年地区生产总值的比值，不包括第一产业。

(4) 城镇人均用水量：在一定的计量时间(一般为 1 d)内城镇居民人均生活用水量。

(5) 农村人均用水量：在一定的计量时间(一般为 1 d)内农村居民人均生活用水量。

(6) 实际灌溉亩均用水量：耕地灌溉用水量与实际灌溉面积的比值。

2. 耗水指标

(1) 耗水总量：是指区域(灌区)毛用水量在输水、用水过程中，通过蒸腾蒸发(ET)、土壤吸收、产品带走、居民和牲畜饮用等多种途径消耗掉而不能回归到地表水体或地下含水层的水量，包括农业、工业以及生活耗水量等。农业耗水量可采用遥感反演方法获取，工业和生活耗水量可采用“工业或生活用水量×耗水率”的方法估算得到，耗水率可结合水资源公报数据分析得到。

(2) 耗水节水量：耗水节水就是通过采取各种措施减少无效蒸腾蒸发水分消耗量(ET)。

(3) 实际ET与目标ET的比值：考虑到区域水资源的可持续利用和经济社会可持续发展，选择实际ET与目标ET的比值作为基于耗水控制的水资源综合管理效果评价指标之一，该指标反映了当年与未来目标的匹配程度。

(4) 年地下水净开采量：年度地下水开采量扣除井灌回归补给量。

3. 生态指标

(1) 年地下水埋深变幅：区域年末实测地下水埋深与年初地下水埋深的变化值。

(2) 水功能区水质达标率：按照水功能区水质标准要求，区域内达标的水功能区个数占全部水功能区个数的比例。

(3) 河流断流概率：平均每年发生断流天数/全年天数×100%。

(4) 河道内生态需水量保证率：河道内实际生态水量/河道内生态需水量×100%。

4. 效率指标

(1) 灌溉水有效利用系数：净灌溉水量与毛灌溉水量的比值。

(2) 粮食作物水分生产率：指作物消耗单位水量的产出，其值等于作物产量(一般指经济产量)与作物净耗水量或蒸发蒸腾量之比值。

5. 措施指标

(1) 高效节水灌溉面积占比：区域(或灌区)高效节水灌溉面积占有效灌溉面积的比例，其中高效节水灌溉指低压管道输水地面灌、喷灌和微灌。

(2) 高耗水作物种植面积比：区域或灌区高耗水作物的播种面积与总的作物播种面积的比值。

(3) 农业执行水价占农业运行维护成本水价的比：农业生产中实际执行的水价与经过测算的运行维护成本水价[包括水资源费、年运行维护管理费(大修理费)以及其他按规定应计入成本的费用，这里不包括折旧费]。

6. 管理指标

(1) 农民用水户协会WUA(Weighted Usable Area)管理面积占比：农民用水户协会WUA管理的灌溉面积占全部灌溉面积的比例。

(2) 大专以上管理人员占比：水利专管机构中大专以上的人员数/总人数。

表 3-2 基于耗水控制的水资源综合管理评价指标体系

序号	一级指标	二级指标
1	用水指标	用水总量
2		万元工业增加值用水量
3		万元国内生产总值(GDP)用水量
4		城镇人均用水量
5		农村人均用水量
6		实际灌溉亩均用水量
7	耗水指标	耗水总量
8		耗水节水量
9		实际 ET 与目标 ET 的比值
10		年地下净开采量
11	生态指标	年地下水埋深变幅
12		水功能区水质达标率
13		河流断流概率
14		河道内生态需水量保证率
15	效率指标	灌溉水有效利用系数
16		粮食作物水分生产率
17	措施指标	高效节水灌溉面积占比
18		高耗水作物种植面积比
19		农业执行水价占农业运行维护成本水价的比
20	管理指标	WUA 管理面积占比
21		大专以上管理人员占比

3.2.3.3 评价方法

综合考虑评价指标性质和评价目的，以及评价方法的稳定性和适用性，本研究选取的评价方法有物元可拓法和模糊综合评判法两种。

3.2.3.4 软件开发

水资源综合管理效果评价软件是国家级灌区 ET 监测和管理平台的重要模块之一，是区域和灌区水资源综合管理的综合体现和落脚点。软件使用 MATLAB 中的 GUIDE (GAIT UniversalIDE)工具包编写物元可拓和模糊综合评价算法，使用 MATLAB 图形用户界面(Graphical User Interface, GUI)进行开发。

基于耗水(ET)控制的水资源综合管理效果评价软件构建是基于研究区域所提出的基于耗水(ET)控制的水资源综合管理效果评价指标体系，通过对评价指标量化，确定主观、客观、组合权重后，分别使用两种评价方法（物元分析法和模糊综合评价法）来对研究区域的水资源综合管理效果进行评价，软件开发技术路线图如图 3-1 所示。

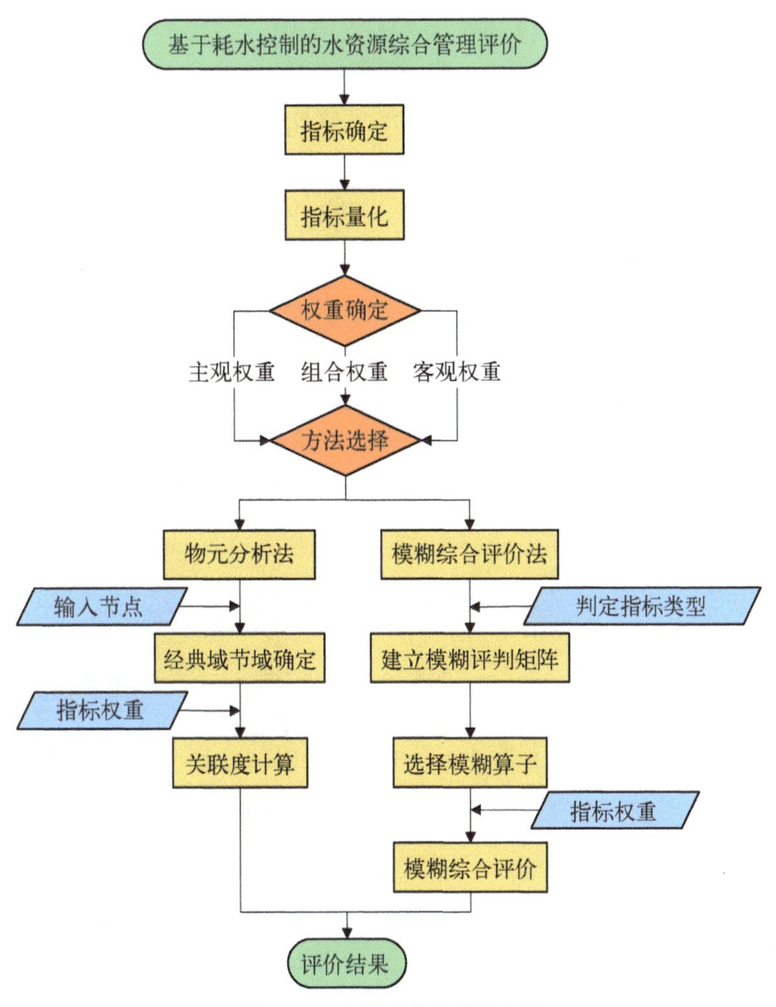

图 3-1 软件开发技术路线图

结合国家耗水管理系统平台建设要求，设计开发了水资源综合管理效果评价软件模块，并完成了软件试运行、培训；配合平台开发单位完成了软件模块的界面设计、集成、测试和系统正常运行等工作。

3.2.4 项目区水资源综合管理评价应用

1. 项目区基本资料收集

收集了河北省石家庄市藁城区和晋州市，以及项目推广区河北省石津灌区、内蒙古自治区河套灌区自然地理、社会经济、农业生产、水资源开发利用和管理等相关资料。

2. 开展了项目区水资源综合管理评价

根据水资源综合管理评价软件模块计算结合，2018 年藁城区水资源综合管理评价水平为“较好”等级，而晋州市水资源综合管理评价为“一般”水平。

2019 年藁城区水资源综合管理评价水平为“较好”等级，而晋州市水资源综合管理评价为“一般”水平。

2020 年藁城区水资源综合管理评价水平为“较好”等级，而晋州市水资源综合管理评价为“较好”水平。

3. 相关建议

（1）藁城区

藁城区工业发达，农业用水比重相对较小，应积极开展工业项目水资源论证，严格控制高耗水工业项目的审批和监管。同时，提高工业用水重复利用率，减少水资源的损耗。加强工业自备井取水计量，严格按照取水许可总量进行指标控制，节奖超罚，激励用水户采用先进技术和生产工艺，提高水资源的利用效率和效益。

（2）晋州市

晋州市农业用水比重相对较大，具有一定的节水潜力。在保证区域粮食安全基础上，应积极合理调整经济结构比例，农业生产中尽可能减少冬小麦等高耗水作物种植面积比例，减少作物水分消耗和区域地下水开采量，提高农作物水分生产效率和经济效益；加强田间节水灌溉技术应用，进行土地平整，根据实际情况按照适宜的灌溉用水定额进行灌溉，减少田间蒸发和深层渗漏损失。

3.3 灌区耗水管理系统平台功能构建*

3.3.1 项目背景与意义

1. 项目背景

灌区是我国农业和农村经济发展的重要基础设施，担负着城市和农业灌溉供水的重

* 由呼唤、徐锐执笔。

任，做好大中型灌区的建设与管理工作是实现我国水资源可持续利用和国民经济可持续发展的重要战略部署。进入21世纪，人口增长与水土资源的供需矛盾日益尖锐，灌区的灌溉面积和用水量的增加将受到严重的制约。我国现有灌区大多兴建于20世纪50～70年代，由于当时科技条件有限，加之多年的疲劳运行，目前我国大多数灌区工程老化、失修严重，处于超期服役或带病运行状态，致使灌区水资源浪费严重，灌溉水利用率低，灌溉效益大幅度衰减。特别是在我国北方地区，由于水资源紧缺，地下水超采问题日益突出，对灌区供水的可靠性已经产生了严重影响。因此，加强灌区水资源管理已经刻不容缓。

2. 项目意义

近年来中央"一号文件"对如何实施水资源管理多次提出了明确要求。2012年起，中国实行最严格水资源管理制度，实施水资源管理"三条红线"（水资源开发利用控制红线、用水效率控制红线、水功能区限制纳污红线）控制、"四项制度"（用水总量控制制度、用水效率控制制度、水功能区限制纳污制度、水资源管理责任和考核制度），这对如何做好水资源管理工作提出了政策依据和制度保证。

随着知识经济的到来，智慧管理思想已经成为指导管理的核心，其利用组织智力或知识资产创造价值。智慧管理不仅仅是体现在对已形成知识进行管理，更多的是体现在知识产生过程以及知识创新中的管理。

因此，通过本耗水管理功能的开发，期望能运用现代智能手段，将各种积累知识、模型成果等进行整合、展示，为灌区及区域水资源管理者提供流程化、专业化、业务化工具，以利于灌区与区域水资源管理者更好地进行管理与决策，提高灌区水资源管理水平，提高灌区水分利用效率，保障流域国民经济发展和人民生活质量改善。

3.3.2 项目目标和主要内容

3.3.2.1 项目目标

1. 总体目标

（1）构建灌区/区域耗水管理平台功能，实现信息的交流与共享。

（2）开展平台框架设计，集成耗水管理、地下水净开采量估算、水资源综合管理评价、实际灌溉面积测算、有效降雨分析等应用系统，搭建灌区或区域耗水管理平台。构建的平台能实现直观地展示监测业务平台的界面、模型库管理与联系、参数反演与管理、典型数据监测与管理、数据库管理、模型成果集成、专题产品、应用产品、产品发布等，实现灌区/区域的基于ET的水资源管理，以及"一键式"灌区/区域耗水监测与评估。

(3) 加强技术培训，提高管理人员的业务水平。

2. 具体目标

完成灌区/区域耗水管理平台功能设计，集成灌溉面积、种植结构和作物估产、遥感耗水管理、地下水净开采量、灌溉用水效率等模型，构建数据采集和预处理、数据产品生产、统计分析、业务功能分析评价、数据产品发布共享的业务化流程，实现有效和实际灌溉面积提取、主要作物分布和粮食估产、耗水量(ET)监测、地下水净开采量分析、灌溉用水效率分析等业务功能与联系，为灌区水资源综合管理提供业务支撑平台。

3.3.2.2 主要内容

灌区耗水管理功能的构建与开发，是"农业节水监测和地下水管理系统数据库建设"的基础，其主要内容如下：

(1) 设计平台系统总体结构。农业节水监测和地下水管理系统GIS平台由监测数据处理与业务应用系统和监测数据、管理数据产品管理发布系统组成。前者侧重于数据处理与产品生产，主要是服务于调用者；后者侧重于业务数据与管理数据的发布，是服务与资源的提供者。因此，要使两者有效地结合，使平台实用、高效、科学，需构建平台系统的总体结构，形成灌区户和区域水资源监测业务应用的全流程管理与控制，有效提高监测业务的应用能力与管理能力。

(2) 构建平台系统业务流程。该平台主要由耗水管理、地下水净开发量、有效灌溉面积、实际灌溉面积、产量、作物种植结构等模型及灌区或区域基础信息组成。因此，结合灌区或区域实际与水资源管理的需求，构建平台系统业务流程。

(3) 构建平台系统总体功能组成。该平台主要是由两大系统——数据处理与业务应用系统和数据管理与产品发布系统组成，要使第3.1节中各种业务有效地衔接，需构建平台的总体功能组成，满足业务应用对数据的快速查询与产品高效管理的要求。

(4) 构建基于灌区/区域遥感ET监测业务化应用展示功能。

(5) 构建基于水资源管理的业务化应用展示功能。

(6) 根据功能构建的需求，购置服务器端操作系统和客户端支持多操作系统[至少不低于Windows Server 2008 R2(10用户嵌入式)企业版本与Microsoft Windows XP或Windows X7系列(嵌入式)]，并交给总平台使用。

3.3.2.3 技术路线

农业节水监测和地下水管理系统集成多套成熟模型，包括 ETWatch 模型，地下水净开采量估算模型、实际灌溉面积计算模型、水资源综合评价模型和用水耗水双控模型等，实现相关数据产品生产和区域水资源管理效果分析评价。各个计算模型自成体系，有独立的输入、计算流程以及输出结果。如何有效地使各个计算模型协同工作，需要在系统的设计中解决。

系统的运行需要多源数据的支撑，如遥感影像、GIS 数据、水文监测数据、文档、图片等。

系统的设计必须具备一定的超前性，对系统的模块化及可扩展性都提出了较高的要求。为应对以上的要求，平台设计总体上采用面向服务（SOA）的架构，在数据层面对各类水利基础数据、水利业务数据、灌区管理数据进行梳理，建立面向对象水利数据模型；将数据访问、业务逻辑和模型算法等封装成 Web 服务构成应用支撑层；采用前后端分离的策略构建业务应用系统。

3.3.3 系统设计

系统的设计必须具备一定的超前性，这对系统的模块化及可扩展性都提出了较高的要求。为应对以上的要求，平台设计总体上采用面向服务（SOA）的架构，在数据层面对各类水利基础数据、水利业务数据、灌区管理数据进行梳理，建立面向对象水利数据模型；将数据访问、业务逻辑和模型算法等封装成 Web 服务构成应用支撑层；采用前后端分离的策略构建业务应用系统。

3.3.3.1 架构设计

逻辑结构分为 5 层：基础层、汇聚层、数据层、服务层以及应用层。

1. 基础层

基础层包括平台所需的软硬件基础设施。硬件资源有计算机、网络和存储等；软件资源包括操作系统、数据库软件、GIS 软件和遥感处理软件等。

2. 汇聚层

汇聚层是平台系统与外部系统进行数据交换的地方。各灌区的基础数据、监测数据等通过汇聚层进入平台。汇聚层在本期开发中不予实现，是为以后系统进一步扩展而预留考虑的。

3. 数据层

建设对象基础信息数据库、业务共享数据库、水资源综合管理数据库、计算模型管理库、地理空间库以及系统管理数据库，形成逻辑概念一致，集中统一的基础平台数据库。

4. 平台层

采用面向服务体系架构，构建统一应用支撑平台，将各种业务中的通用系统功能进行复用，形成组件，并在此基础上封装成可以调用的服务，通过服务的调用和再封装等技术，实现水利业务应用的协同，为上层业务应用提供公共开发和运行环境。应用支撑平台是水利信息资源形成整合共享的关键措施，可有效避免各应用对通用资源的重复配置及开发，具有领域内公共资源、共享服务的特质。

5. 应用层

通过对平台层服务的调用，结果展现为各业务系统，包括数据产品生产系统、水资源综合管理效果评价系统、数据成果发布共享系统和数据管理系统等。

3.3.3.2 数据流程设计

系统中的数据来源有两个方面：

(1) 模型计算得到的数据。包括农业耗水量、灌溉耗水量、有效及实际灌溉面积、作物产量、地下水净开采量等数据，这些数据从遥感影像、监测数据、空间数据等数据经过模型运算得到。

(2) 灌区用户上报的数据。包括灌区的基本情况、农业供用水量、灌区组织结构、人员配置情况、灌区水费征收情况等，这些数据由各个灌区的管理单位在系统中上报得到。

根据上面两个方面的数据，经过复核确认后，可以进行灌区的综合评价，最终形成各项成果进行发布共享和成果展示。

3.3.3.3 总体功能设计

基于 GIS 与遥感处理等技术，集成成熟的基于遥感的多源数据的灌区基础信息监测，灌区水平衡分析、灌溉用水效率分析、水资源消耗总量和强度分析等模型，建立灌区节水效果、水资源消耗总量和强度、水资源综合管理效果监测评估平台，形成从数据采集和预处理、数据产品生产、统计分析、业务功能分析评价、数据产品发布共享的业务化流程，提供灌区耗水监测与分析、水资源消耗总量和强度分析、灌溉用水效率监测与分析、面向灌区的交互式查询和作物耗水分析等功能，为灌区耗水管理提供业务支撑平台。

3.3.4　项目成果示范与应用

本次系统的使用范围是2个大型灌区和2个示范项目县。但是，本系统的主要用户中国灌溉排水发展中心作为水利部直属事业单位，承担了全国农村水利有关规划、技术规范编制等管理工作，为全国灌溉排水、农村饮水、农业综合开发水利建设提供技术支撑和服务。从业务上需要对全国大中型灌区的水资源综合利用情况进行总体的把控。因此，平台的建设将在本课题要求的2个大型灌区和2个示范项目县的基础上，搭建全国农业用水监测管理信息平台的总体框架。

同时，系统还需要面向省级水利管理单位和大型灌区管理单位开放，向他们提供数据录入的界面和信息发布的窗口。所以，面向不同层级的用户，需要设置不同级别的操作权限。

3.3.5　项目成效与影响

3.3.5.1　项目主要成效

建设从数据上报审核、模型计算、模型输出结果保存、水资源利用评价分析、成功共享发布一系列连贯的业务流程操作的业务平台。其中数据上报包括各种数据来源，比如降雨数据、遥感数据、遥感ET结算结果数据、地下水数据等；模型计算包括“时间灌溉面积的反演”“地下水井开采量计算”“用水耗水双控模型计算”“遥感ET计算”“作物单产和总产估算模型计算”等；水资源利用评价包括使用科学合理的可维护的指标库和权重针对某个具体的灌区进行水资源利用综合效果评价；成果分享包括将通过模型计算的成果和灌区的主要指标进行灌区内部的成果共享和发布，使得具有相关权限的用户能对发布结果进行查询。

项目还针对用户权限进行了灵活设计，可针对用户进行数据级和功能级两个维度的权限分配。

3.3.5.2　项目影响

通过本耗水管理功能的开发，期望能运用现代智能手段，将各种知识积累、模型成果等进行整合、展示，为灌区及区域水资源管理者提供流程化、专业化、业务化工具，以利于灌区与区域水资源管理者更好地进行管理与决策，提高灌区水资源管理水平，提高灌区水分利用效率，保障流域国民经济发展和人民生活质量改善。

3.3.6 项目结论与建议

3.3.6.1 主要结论

对“实际灌溉面积”“ETwatch 模型”“用水耗水双控模型”“种植结构”等模型集成到系统中的方法进行设计，包括模型集成设计、模型计算流程的集成设计、功能模块的开发设计、数据流程设计等，保证计算的输入数据一致、计算平台一致以及模型计算结果相对客观和科学，为大中型灌区管理提供可靠依据。

3.3.6.2 项目创新点

灌区耗水管理功能的构建与开发，是“农业节水监测和地下水管理系统数据库建设”的基础，其主要内容如下：

(1) 设计平台系统总体结构。需构建平台系统的总体结构，形成灌区和区域水资源监测业务应用的全流程管理与控制，有效提高监测业务的应用能力与管理能力。

(2) 构建平台系统业务流程。该平台主要由耗水管理、地下水净开发量、有效灌溉面积、实际灌溉面积、产量、作物种植结构等模型及灌区或区域基础信息组成。因此，结合灌区或区域实际与水资源管理的需求，构建平台系统业务流程。

(3) 构建平台系统总体功能组成。需构建平台的总体功能组成，满足业务应用对数据的快速查询与产品高效管理的要求。

(4) 构建基于灌区/区域遥感 ET 监测业务化应用展示功能。

(5) 构建基于水资源管理的业务化应用展示功能。

3.3.6.3 经验与教训

对全国大中型灌区的业务理解更加深刻，系统设计更加规范和严谨。

因本次项目涉及的模型集成的课题组很多，而在系统前期模型集成部分集成方式设计得不是非常全面，使得后面的模型集成开展工作前期不是非常的顺畅，这个教训让项目技术团队认识到在以后的涉及系统多方集成时，必须首先完整地定义模型集成方式，这样可以使得集成更加规范和稳定。

3.4 基于遥感ET的灌区数据采集与信息获取*

3.4.1 野外调研与数据收集

旨在收集与采集河北省石津灌区的基础数据，包括地表温度、作物类型、土地利用类型、灌溉区域实际灌溉情况等多项指标，用于实际灌溉面积模型的阈值选取和精度验证。于2019年6月21日～27日，应用手持GPS、地物光谱仪、温度采集仪、无人机、手机、电脑、记录表等工具对河北省石津灌区(包括石家庄市藁城区和晋州市)开展了全区域野外调研与数据采集工作。具体内容包括：

(1) 土地利用与灌溉调查。依次对河北省石津灌区中的藁城区、晋州市、辛集区、宁晋县以及深州市的主要土地利用、作物类型、灌溉信息进行调查，累计建立了1 156个灌区作物种植与灌溉信息样本点，用于光谱库构建与遥感反演结果验证；典型区域利用无人机航拍进行记录，并将无人机的飞行高度分别设置5、7、10、15、20、50、100、150 m。

(2) 主要土地利用及灌溉情景下地表温度数据采集。针对不同作物及其灌溉情景下的地表温度、温差变化规律，利用温度采集仪分别对不同时刻、不同灌溉状态(未灌溉、正在灌溉、灌溉后几天)的裸土、玉米苗、麦茬、菜椒、红薯、杨树、苹果树、梨树以及葡萄、水泥路、土路、路边杂草等典型地物的温度进行监测。

(3) 光谱匹配样点采集。在石津灌区各个项目县中，根据野外规划的路线，沿途寻找作物种植结构较为单一的大面积(>48 m×48 m)区域，力求寻找相对"纯"的样本点，记录下样本点的经纬度、作物种植结构、日期以及是否进行灌溉。在保证样点数量的前提下，选择样点尽可能的均匀分布在研究区内，可以充分代表研究区地块信息，以便进行研究时使用与验证。

3.4.2 灌溉面积遥感监测技术方法构建与数据生产

3.4.2.1 构建了基于光谱匹配方法的作物结构与实际灌溉面积遥感监测模型方法

由于田块破碎、灌区信息化水平不高、土壤墒情反演困难等原因，在我国开展较高精

* 由宋文龙执笔。

度灌溉面积遥感监测依然面临很多困难。项目基于 GF-1 较高空间分辨率卫星数据，通过光谱匹配方法像元尺度应用，并引入 OTSU 自适应阈值算法，构建了高分辨率灌溉面积遥感监测新方法，能更有效地识别小田块灌溉分布及建设用地信息，在作物种植强度及其灌溉面积分布方面更符合我国实际情况，该研究在较高空间分辨率灌溉面积遥感监测识别方面更适宜我国农业灌溉国情。

1. 光谱匹配方法

光谱匹配法是通过研究量化端元光谱（样本光谱）与目标光谱（待测光谱）曲线的相似度来判断地物归属类别的一种方法。项目使用统计算法和光谱波形特征算法计算光谱相似度，通过 3 个指标对研究区主要作物端元光谱与目标光谱匹配程度进行定量分析，具体算法如下：

根据地面样点数据提取端元光谱 $C=(s_1, s_2, \cdots, s_n)$，从数据集中获取目标光谱 $X_{i,j}=(b_1, b_2, \cdots, b_n)$。

（1）形状定量：光谱关联相似度（Spectral Correlation Similarity，SCS）

SCS 计算公式如下：

$$SCS=\frac{1}{n-1}\left[\frac{\sum_{i=1,j=1}^{n}(X_{i,j}-\mu_{i,j})(C-\mu_s)}{\sigma_X\sigma_C}\right] \tag{1}$$

式中，$X_{i,j}$ 为目标光谱的 NDVI 值；C 为端元光谱的 NDVI 值；i，j 分别代表第 i 行，第 j 列；n 为数据集层数；$\mu_{i,j}$ 为目标光谱 NDVI 均值；μ_s 为端元光谱 NDVI 均值；σ_X 为目标光谱的 NDVI 标准偏差；σ_C 为端元光谱的 NDVI 标准偏差。

SCS 是衡量端元光谱与目标光谱 NDVI 时间序列曲线形状相似度的指标。SCS 值越高，端元光谱与目标光谱的 NDVI 时间序列曲线就越相似。当 SCS 值为 0 时，相似度最小；当 SCS 为 1 时，相似度最大，即 2 种光谱完全一致。所有 SCS 值在 0～1 范围之外的像元即可认为与端元光谱相似度差异过大，直接剔除。

（2）距离定量：欧氏距离（Euclidian Distance Similarity，EDS）

EDS 是用于衡量端元光谱与目标光谱在光谱空间中距离的指标，在光谱空间中距离越近则越相似。EDS 计算公式如下：

$$EDS=\sqrt{\sum_{i=1,j=1}^{n}(X_{i,j}-C)^2} \tag{2}$$

通常欧氏距离越大则代表着 2 种光谱差异性越大，反之则差异性越小。为了方便计算将上述公式获得结果通过归一化处理，将其标准范围处理为0～1。具体公式计算如下：

$$EDS_{\text{normal}} = (EDS - m)/(M - m) \tag{3}$$

式中，EDS_{normal}值的范围为0～1，它从光谱特征空间距离上测量端元光谱与目标光谱NDVI时间序列曲线间相关性的大小；M，m 分别代表最大、最小的欧式距离。通过对EDS的计算可以把SCS运算结果中满足条件像元点进行计算，理想状态下，0表示两者完全一致，1表示两者完全不相关。此外，EDS受像元数量的影响，一旦有新的像元参与计算，该式中的 M 和 m 即可能会发生变化，对不同研究对象有较好的变动适应性。同时欧氏距离的局限性在于不同年份气候情况可能会导致NDVI光谱曲线发生上下平移，进而影响判断结果的一致性。因此，仅使用光谱距离的特征描述往往还不足以较好的完成光谱匹配的工作，需要进一步对端元光谱与目标光谱的相似程度进行量化。

（3）形状距离综合定量：光谱相似值(Spectral Similarity Value，SSV)

SSV综合了SCS(形状定量)与EDS(距离定量)的特点，从NDVI时间序列曲线形状和光谱特征空间距离两方面衡量了端元光谱与目标光谱间的形似度，其计算公式如下：

$$SSV = \sqrt{EDS_{\text{nonmal}}{}^{2} + (1 - SCS)^{2}} \tag{4}$$

式中，SSV 值越小，光谱之间越相似，其范围通常介于0～1.414之间。不同作物之间，NDVI时间序列曲线的差异较大，SSV 值高；对于同一种作物，灌溉区域的NDVI时间序列曲线比非灌溉区域具有更高的一致性，SSV 值更低。

2. OTSU算法

OTSU算法是无参量的一种自适应阈值选取方法，该方法可以给定一个临时阈值，然后计算阈值两侧范围的像元 SSV 的方差值，当方差达到最大所对应的像元 SSV 为最佳阈值，即目标区域与背景区域差异最大化，而后将相似度大于或等于该阈值的归并成一类，小于该阈值的归并成另一类，得到相应的二值化图像。具体原理算法如下：

当影像数据量级为 $L(G=0, 1, \cdots, L-1)$ 时，初始阈值为 h 将图像分为目标区域T与背景区域B两部分，p_i 代表 SSV 为 i 的像元出现的概率，n_i 代表 SSV 为 i 的像元数量，N 代表像元总数，T、B两部分概率为：

$$P_{\mathrm{T}}(h) = \sum_{i=0}^{h} \frac{n_i}{N}, \ P_{\mathrm{B}}(h) = \sum_{i=h+1}^{L-1} \frac{n_i}{N} \tag{5}$$

对应的T、B两部分的均值为：

$$\mu_T(h)=\frac{\sum_{i=0}^{h} ip_i}{P_T(h)},\ \mu_B(h)=\frac{\sum_{i=t+1}^{L-1} ip_i}{P_B(h)} \tag{6}$$

则存在阈值 h_0 即为最佳阈值。

$$h_0=\mathrm{Argmax}[P_T P_B(\mu_T-\mu_B)^2] \tag{7}$$

3.4.2.2 构建了基于热惯量原理的冬春灌日尺度灌溉面积遥感监测方法

1. 方法原理

受太阳辐射、地物组分、物理状态、热特性、几何结构、生态环境、土壤物理参数等因素影响，不同地物地表温度及其日变化存在显著差异。水体比热容较大，即放出/吸收相同的热量，其温度降低/升高的少，因此，水体白天升温慢，夜间降温慢，昼夜温度变化比周围地物慢而小，其日温差比常见地物都小。对于裸土，干燥裸土的比热容远小于水体，在白天吸收热量迅速升温，晚上释放热量迅速降温，因此，昼夜温度变化较大，其日温差远大于水体。因此，裸土中的水分能够增大裸土比热容，日温差比干燥裸土小，且裸土含水量越大，裸土日温差越小。对于有植被覆盖度的区域如草地、林地、耕地等，卫星遥感反演的地表温度受植被与土壤综合影响。土壤含水量影响植被蒸腾量，而蒸腾量又影响植被表层温度。白天，作物缺水时土壤水不能满足作物蒸腾需要，蒸腾吸热减少，叶面温度升高，导致其表层温度高于不缺水作物；夜间，由于水分的保温作用使缺水作物的表层温度比不缺水作物降温快。这使得缺水作物的地表温度日较差大于不缺水作物。基于上述原理，灌溉后耕地的土壤含水量显著增加，其地表温度日较差明显小于未灌溉耕地，因此，可以通过确定一个地表温度日较差的阈值（ΔT_s）判断该耕地是否发生灌溉，即当地表温度日较差小于 ΔT_s 时则认为发生了灌溉。

2. 阶段划分与阈值率定

首先，地表温度受太阳辐射影响，随气温变暖（变冷）不断升高（降低），并与气温呈正相关关系。因此，冬春灌期气温变化在一定程度上能够反映出地表温度的变化趋势。其次，植被覆盖度也是影响地表温度的一个重要因素，并且两者表现出明显的负相关关系。在冬春灌期，气温、植被覆盖度这 2 个指标变化幅度都很大，为了提高监测灌溉面积的精度，根据冬春灌期的气温以及主要农作物（冬小麦）的物候特征将冬春灌期进行时段划分，并且每时段不超过 2 个月。在利用基于地表温度监测灌溉面积时，各时段阈值（ΔT_s）的率定是一个重要的环节，通过地势高无法灌到的大面积区域即雨养区，将降水视为灌溉、未降水视为非灌溉率定 ΔT_s。

3. 降水影像剔除

应用 ΔT_s 进行灌溉判定时应考虑到降水的影响，应用历史气象数据，采用决策树方法进行剔除处理。首先剔除降水当天和降水后第 1 天的数据，降水后第 2 天至第 5 天的数据依据降水后第 1 天的数据情况进行判定。即若降水后第 1 天没有显示灌溉，而降水后第 2 天或以后几天显示灌溉，则说明未受降水影响，则不需要进行剔除。若降水后第 1 天显示灌溉，降水后第 2 天至第 5 天内显示灌溉且地表温度日较差逐渐变大，则说明受降水影响，需要进行剔除。

3.4.2.3　灌溉面积数据生产

生产了 2017～2020 年河北省石津灌区(包括晋州市和藁城区)4 年的小麦、玉米和果树的实际灌溉面积与多年有效灌溉面积空间数据集，通过小麦灌溉区域、玉米灌溉区域和果树灌溉区域的累加获得 2017～2020 年研究区年度实际灌溉总面积分别为 572.82 万亩、546.83 万亩、573.19 万亩和 539.38 万亩，研究区 4 年最大有效灌溉面积为 587.23 万亩。

生产了 2010～2020 年河北省石津灌区 11 年的春灌日尺度灌溉面积、累计灌溉次数空间数据集，不同年份的灌溉情况有所差别，灌区有出现灌溉 2 次、3 次和 4 次的情况，灌溉次数主要是 2 次和 3 次，只有在 2010 年出现灌溉 4 次的情况，2010～2012 年灌溉 2 次的面积数要大于后几年的 2 次的灌溉面积，2016 年和 2017 年主要灌溉都是 3 次，2013 年、2014 年、2015 年、2018 年、2019 年和 2020 年灌溉 2 次的面积较少。

3.4.3　数据可靠性验证

1. 基于调查样点的实际灌溉面积总体精度统计评估

利用在河北省石津灌区内野外勘察获取的 1 156 个样本点(包括小麦玉米轮作样本点 787 个、果树样本点 369 个)，对 2017～2020 年利用光谱匹配方法得到的实际灌溉面积总体精度进行统计方法验证，2017 年总精度为 92.73%，2018 年总精度为 92.65%，2019 年总精度为 95.50%，2020 年总精度为 93.77%。

2. 基于实际抽查的局部精度评估

利用地表温度阈值方法得到的研究区灌溉次数以 3 次为主，另有少量 2 次、4 次，根据经纬度定位宁晋县大陆村遥感监测到的灌溉次数为 3 次，与抽查结果一致。利用地表温度阈值方法得到的研究区灌溉次数数据与实际情况一致性良好。

3.4.4 实际灌溉面积遥感监测反演业务化软件工具开发

将灌溉面积遥感反演算法程序化和集成化，以 Windows 桌面可视化用户界面的方式，开发了实际灌溉面积遥感监测反演业务化软件工具，为批量生产灌溉信息遥感监测产品提供了软件工具支持。

3.5 遥感 ET 系统*

3.5.1 研究背景和意义

随着经济社会的发展，中国水资源与水环境问题日益突出，我国政府已经注意到并重视解决这一问题，在水资源与水环境管理方面出台了一系列政策、法律、法规。耗水量的监测与控制对农业水资源管理、区域水资源利用规划和社会经济可持续发展至关重要。传统耗水监测与管理主要是依靠地面观测进行的，其局限性主要在于无法做到大面积监测与管理，只能局限于观测点上，同时人员和设备成本相对较高，既不能提供面上的耗水数据，也不能提供区域不同作物的耗水数据，因此，基于传统方法，很难真正实现区域耗水管理。

为了更好地提高灌区水资源与水环境综合管理能力，在技术上与国际接轨，积极吸收国外在相关领域先进的技术与经验，采用遥感手段对灌区进行持续的农业耗水监测，是灌区耗水管理的一项重要基础性工作内容。而开发一个以遥感为手段，集数据预处理与耗水监测为一体的灌区农业耗水遥感监测系统，是提高灌区水资源管理水平、能力建设的一个重要保障。解决灌区农业耗水的长期持续监测问题，唯一的方法是建设遥感耗水监测系统，这项工作意义重大且深远，对实现水资源与水环境的综合管理十分重要。

蒸散发(ET)包括植被蒸腾与土壤蒸发，是地表能量平衡与水量平衡的重要组成部分，也是陆面过程研究的关键参数。卫星遥感技术的兴起，使得获取大尺度非均匀下垫面的地表特征参数成为可能，一系列旨在精确估算地表实际蒸散量的遥感模型由此应运而生，以满足局地、区域乃至全球尺度蒸散发估算的需求。国内自主研发的 ETWatch 参

* 由吴方明、闫娜娜、曾宏伟执笔。

数化集成模型，针对蒸散发模型参数化中的瓶颈问题，充分利用新研究的遥感地表参量模型，从模型参数化和模型集成出发，按不同下垫面和特征区域进行模型配置，集成不同地表参量参数化方法研究成果，形成了多尺度-多源数据协同的陆表蒸散遥感模型参数化方法。

在蒸散遥感模型基础上，国内外的相关技术人员开发了一些蒸散监测与应用系统，包括本地版的 ETWatch standalone、R Evapotranspiration，基于云平台的 ETWatch Cloud、IrriSAT 和 EEFlux。基于云平台、开放式的蒸散监测与应用系统成为主流的发展方向。蒸散遥感监测与应用系统，将 ET 数据的生产流程化、自动化进行，降低了获取 ET 数据对遥感专业与数据处理技能的要求，是提高水资源管理水平、能力建设的一个重要保障，能精确地监测大范围的植被、农田蒸散量。

3.5.2 研究内容和成果

遥感 ET 系统是基于遥感和地理信息系统技术来实现 ET 监测的业务运行系统，其主要功能是在收集遥感、农业、气象、土地利用等多种数据的基础上，利用 ETWatch 模型估算不同时间尺度和空间尺度的 ET 值，并通过统计和专题分析，向耗水管理及水利职能部门提供 ET 产品和信息。遥感 ET 系统开发前结合本项目的目标与内容进行了系统的需求调研，需求调研的方法主要是现场调研和电话采访，明确目前项目办软硬件情况、系统建设情况、数据情况及角色定位等，同时对业务需求、功能需求以及非功能需求进行确认，完成了遥感 ET 系统需求分析报告，作为系统设计的依据。对功能进行梳理归纳后得到本项目遥感 ET 系统主要的功能有系统设置功能、数据预处理功能、ET 计算功能、ET 统计功能、业务集成功能、数据库管理功能。

根据数据库建设相关标准规范，实现数据库建设，主要开展的工作包括数据分析、数据库设计和数据入库。项目所需要的数据包括遥感影像、气象数据、农气数据、基础地理数据、ET 数据、ET 统计数据。根据数据分析成果表，汇总分类为 5 个数据库：基础信息库、气象观测库、地面观测库、监测结果库、应用分析库。根据数据类型分类结果，对于表格和图片数据，明确逻辑关系，设计数据库表结构，对于栅格数据，定义命名规则，设计文件存储信息的表结构。数据库建立于最流行的关系型数据库管理系统 MySQL 上，数据库设计平台采用 Navicat Data Modeler 创建高质素的概念、逻辑和物理数据模型，共创建了 74 个表。对滹沱河流域、河北省石津灌区、内蒙古自治区河套灌区的基础数据和气象数据进行了准备和入库。

结合遥感ET监测系统的现有基础和需求调研，结合本项目的研究内容，使用IDL语言完成遥感ET监测系统的开发。开发的遥感ET监测系统连接后台数据库，前台集成了遥感数据处理、地面观测数据处理、地表参量模型与地表通量模型多个不同的功能模块。可以通过主界面进入8个子系统，即：系统设定、遥感数据处理、气象数据处理、地表参量计算、地表通量计算、ET统计分析、数据库管理、业务集成。完成了系统开发设计报告。系统所涉及的所有属性数据均存储在数据库中，栅格和矢量文件数据采用文件方式存储，数据库中存储文件存储路径。本系统是总平台国家级灌区耗水管理系统的一部分，留出了相应的系统接口供其调用，为其搭建提供ET数据生产能力的支撑。

系统设定模块开发实现了包括用户管理、区域设置、目录设置。用户管理对用户按照管理员和操作员进行不同权限的添加、删除和修改。监测区域设置实现区域名称、经纬度、参数文件新建、删除和更新的功能。固定目录设置实现虚拟磁盘映射、目录的生成和更改。系统设定模块保证了系统可供多个用户对多个区域进行多个路径的数据配置与管理。

遥感数据处理系统开发实现了MODIS数据预处理、高分辨率数据格式转换、辐射定标、几何校正和地表参数计算功能模块。MODIS数据预处理对MODIS产品数据进行格式转换、投影转换、区域裁剪输出NDVI、ALBEDO和地表温度。高分辨率数据处理实现了Landsat、RapidEye、GF1、GF2、GF4、ZY3、HJ1A、HJ1B等遥感影像数据格式转换、辐射定标、几何校正和地表参数计算，可以批量输出NDVI、ALBEDO和地表温度等地表参数。

气象数据处理各气象站的气象资料为观测数值数据，而后期ET计算所需要的气象数据均为空间连续的面状数据。因此，在此气象数据预处理主要是气象数据的插值、剪裁和异常值处理，主要实现各气象要素（最高温、最低温、平均风速、相对湿度、大气压强、日照时数）的空间插值，其中，在插值算法设定基础上还需要根据地形影响进行结果修订。实现界面需要用户进行相关参数选择和异常值处理，以选择合适气象数据源等进行插值，插值过程在数据源设定和异常值处理后不需要人工干预，自动完成。

地表参量子系统共有“风云日照时数”“大气边界层参量”“空气动力学粗糙度”以及“时间重建”等四项主要功能，其中前三项均是ET计算过程中所需要的重要参量。日照时数计算模块开发完成的主要功能是以FY2静止气象卫星云产品数据为输入，生成GEOTIFF格式的FY2的逐小时云文件，并计算日照时数。大气边界层参量计算开发完成的主要功能是以AIRS产品为输入，实现大气边界层高度处的逐日的大气边界层高度、温度、湿度、压强、风速的计算。空气动力学粗糙度计算开发完成的主要功能是MODIS BRDF产品数据的预处理结果与MODIS NDVI数据产品预处理结果，结合雷达数据与坡度数据为输入，实现综合空气动力学粗糙度的计算。时间重建模块使用基于遥感数据预处理结果，以及晴天日蒸散计算的地表阻抗结果，计算逐日尺度的地表反照率、植被指数(NDVI)以及地表阻抗。

地表通量子系统的开发，利用遥感反演的地表参量，结合气象参量和基础数据，基于ETWatch模型进行区域蒸散的估算，实现不同时间250 m、30 m和10 m空间分辨率的蒸散数据生成。主要包括"净辐射""瞬时土壤热通量""晴天蒸散""日蒸散"以及"蒸散融合"等五项主要功能，其中前四项均是低分辨率(250 m)ET计算的重要参量与作用于重要过程中，蒸散融合主要是获得高分辨率的月尺度ET数据。净辐射计算模块开发完成的主要功能是从数据库中读取预处理后的FY2日照时数数据，结合气象数据，实现净辐射数据的计算。瞬时土壤热通量计算模块开发完成的主要功能是从数据库中读取预处理后的MODIS的预处理结果与FY2逐小时地表温度数据为输入，实现卫星过境瞬时地表土壤热通量与日地表土壤热通量的计算。晴天蒸散计算模块使用基于遥感数据预处理结果、气象数据插值结果以及日净辐射计算结果，计算晴天日蒸散数据与晴天地表阻抗数据。日蒸散计算模块开发完成的主要功能是基于时间重建后的低分辨率逐日地表阻抗，结合气象数据，估算出逐日的低分辨率ET数据。蒸散融合模块开发完成的主要功能是采用不同的融合方法，如像元分解法，基于低分辨率遥感月ET数据与高分辨率NDVI数据，融合获得高分辨率的月ET数据。

统计分析子系统开发实现了结合土地利用、行政单元、灌溉方式、作物产量等进行实际蒸散、潜在蒸散、降雨等数据统计。统计的空间单元可以是任何意义上能够表征空间特征、具有特定意义的监测区域，如行政单元、管理单元(灌区)以及地块(土地利用、作物分布和地籍)的统计。统计的时间尺度为半月、月、季或年。统计结果体现的方式主要以统计图表的形式：将各种时间序列ET数据从数据库中提取，为领导和决策部门提供各种统计图表。

ET监测过程涉及数据预处理、ET数据生产、ET数据管理到ET数据统计分析等多个环节，不但数据量大、运算复杂，而且易于造成操作错误和数据管理的混乱。因此需要分析整个处理流程，将ET监测工作集成为一个从上到下、环环相套的处理流程，实现ET监测的自动化与流程化。业务集成需要实现的功能：系统的各个模块调用和运行控制；系统自动运行过程中的状态提示，方便用户对当前系统运行状态的了解；系统提供参数设置的接口，自动运行时采用默认设置，而人工干预的情况下可以改变。

数据库管理子系统具有传统数据库管理系统的基本功能，以ODBC数据引擎为桥梁访问数据库，对数据库的记录进行增加、删除和修改。提供手工数据录入平台和自动导入功能，分专业、分主题提供数据更新界面。对于数据的一致性进行检验，当录入的数据表结构与数据库的结构不一致时，及时发出提示警报，提示信息更新和维护子系统的操作人员进行相应的操作。具有数据格式转换功能，当导入数据与数据库结构不一致时，能够对导入数据进行相应字段格式的转换、字段的匹配等。

遥感ET系统在水利部GEF主流化项目办服务器和便携式计算机上进行了安装，并与本系统的总平台国家级灌区耗水管理系统进行连接测试，为其搭建提供数据生产能力的支撑。对开发的系统各功能模块进行了单元功能测试、集成和最终软件功能测试，测试结果表明软件系统的交互功能、业务逻辑、图形图表以及数据列表等展现形式均达到了设计目标，结合质量控制编写了用户手册和测试报告。基于多个地面已有的通量观测站观测数据对ETWatch模型估算的不同区域遥感ET数据进行验证，结果表明，ETWatch模型具有较高的估算精度且具有较强的模型稳定性与区域适用性，月ET精度大于90%，年ET精度大于92%。

系统在完成相关模块开发与测试后，进行了2次遥感ET系统的技术培训。第一次培训对象为水利部GEF主流化项目办系统管理人员和技术人员，以线上授课和线下实习相结合的方式培训。第二次技术培训对象为河北省石津灌区和内蒙古自治区河套灌区管理人员和技术人员，以现场授课和课后实习相结合的方式培训。培训内容包括原理、技术方法和成果分析，以及系统安装、操作与维护，同时介绍了ET数据应用情况。

应用遥感ET系统，结合处理后的遥感数据和气象数据，相关人员进行了滹沱河流域、河北省石津灌区、内蒙古自治区河套灌区、石家庄市藁城区、晋州市ET数据的生产。生产出滹沱河流域250 m分辨率2001～2020年各年的蒸发蒸腾数据，生产出2018～2020年河北省石津灌区30 m分辨率的遥感ET，生产出2018年河套灌区逐月30 m分辨率的遥感ET，2019年和2020年石家庄市藁城区、晋州市10 m和5 m分辨率的遥感ET。

基于ETWatch模型，研究了对遥感ET系统的接口进行公开发布的方法。在阿里云上建立了数据库和遥感影像数据集，实现ETWatch各个功能模块计算和相关数据获取的API，并全部开放对外提供WEB服务，助力用户高效、敏捷地进行区域ET监测开发和集成应用。该研究成果于2021年发表在国际期刊*Environmental Modelling & Software*上。

3.5.3 研究结论

本项目通过需求分析、数据库建设和详细的系统设计，开发完成了遥感ET监测系统，实现了从遥感与气象数据的预处理、关键参量监测、模型标定、水热通量计算、蒸散遥感监测与统计分析的全链条一键式处理流程，可供多用户使用，用户可定制专属的蒸散遥感监测区域。可生产具有复合下垫面的蒸散数据，空间分辨率从5 m～1 km，时间分辨率从日、旬、月、年。可为灌区农业节水监测和地下水管理系统GIS平台和基于遥感/耗水(ET)数据生产和监测与分析提供计算模型与系统，以切实提高灌区农业水资源综合管理能力和水平。

遥感ET监测系统层次化、模块化的设计，给灌区农业节水监测和地下水管理系统GIS平台集成带来了便利，数据层可以很便捷地进行共享，各个模块可以很方便地调用。由于疫情的影响，大规模的技术培训不能进行，在技术培训时采取了线上授课与线下实习相结合的方式，使得技术培训工作得到开展，相关人员可以使用所开发的系统进行数据的生产。疫情的影响，也使得不能大范围实地开展数据的采集，我们搜集了历史数据，利用遥感数据可以回溯的特点使用历史数据进行模型参数的标定和精度的验证。基于云平台、开放式的蒸散监测与应用系统成为主流的发展方向。目前开发的系统还需要在用户计算机上进行安装，未来可以充分利用云平台的计算资源和存储资源优势，结合ETWatch Cloud开发的接口进行ET数据的生产，降低系统部署成本，降低遥感ET监测的门槛。

3.6 农田灌溉用水与耗水双控方法研究*

华北平原降水时空分布特征与农业用水时空需求不相匹配，为了保证农业产量的稳定和粮食安全，开采地下水用于农业灌溉弥补了天然降水的不足，但却打破了自然生态平衡，造成华北平原区域内地下水位持续下降，引发深浅层地下水位降落漏斗、地面沉降、咸淡水界面下移等一系列地质和地下水生态环境问题。华北平原地下水超采与农业灌溉用水密切相关，地下水位的持续下降和地下水超采区的逐渐扩大，促使人们采用了大量节水技术和措施，传统的工程节水虽在某一特定区域、某一方面成效显著，但当把节出的水又用到其他用途或用于扩大再生产时，往往水量又不能满足新的用水需求，只能继续超采地下水，造成华北平原越节水越缺水的局面。

* 由刘彬、王树谦执笔。

蒸散发是水分从地球表面移向大气的一个过程，包括土壤蒸发和植物散发。最初，ET的研究主要集中在农作物蒸腾蒸发规律研究方向。1998年12月，世界银行组织在中国节水灌溉项目中首次提出了ET管理的概念，其认为在水文循环降水、径流、蒸发的过程中，只有水分蒸腾蒸发才是水量的实际减少量，是流域或者区域内水资源主要消耗项，是“真实”耗水量，只有减少区域蒸腾蒸发量才可以实现真正的节水。

灌溉在农业种植中起着至关重要的作用，目前全球约69%的淡水被用于农业灌溉。而随着经济的快速发展，大量水资源优先供给于城市，这就要求灌溉农业地区要更加有效地利用现有的水资源。传统的灌溉系统主要依靠工程措施来提高灌溉效率，与大水漫灌相比，这些措施通常被认为是为了节约更多的水。然而，使用这些传统的节水灌溉技术节约的水不能全部被认为是真正的节水量。

2014年以来，我国在河北省开展了地下水超采区综合治理，采取的节水压采综合治理措施主要包括水利、农艺、管理等综合节水措施。其中，在农艺节水措施方面，调整农业种植结构、实施非农作物替代农作物、推广冬小麦春灌节水稳产配套技术、推广小麦保护性耕作节水技术、推广水肥一体化节水技术；在水利工程节水措施方面，主要开展井灌区高效节水、当地地表水高效利用、增加外调水等水利工程措施；在管理节水措施方面，主要开展水资源使用权分配制度改革、农业水价综合改革、水利工程产权制度改革等体制机制创新与改革措施。这些综合节水措施既有控制耗水量(ET)的内容，也有其他水源替代的举措，还有综合管理的工作。如何评判这些综合节水措施实施后所能带来和产生的真实节水效果，目前河北省等地区仍然没有开展比较系统和深入细致的工作。

因此，选择典型区的不同作物、不同灌溉方式，开展农田降水及灌溉用水与耗水量关系研究十分必要。通过确定区域农田耗水量(ET)中自然耗水量和人工耗水量的组成，分析引起农田耗水(ET)的主要影响水量(降水或灌溉用水)，进而确定区域实现真实节水潜力，达到降低无效和低效耗水量，相应减少农田灌溉用水，降低地下水开采量的目的，为GEF主流化项目灌区耗水量监测和管理平台系统建设提供技术支撑。

3.6.1 主要内容与技术路线

3.6.1.1 主要内容

(1) 典型区不同作物、不同灌溉方式下农田灌溉用水量调查；

(2) 典型区农田灌溉试验，寻求不同作物、不同灌溉方式下的农田灌溉用水量与耗水

量(ET)变化规律;

(3) 寻求不同作物、不同灌溉方式下的农田降水量与耗水量(ET)变化规律;

(4) 建立农田耗水、降水、灌溉用水量关系,分离典型区农田降水所产生耗水(自然耗水)和灌溉用水所产生耗水(人工耗水),进而外延确定区域农田耗水量(ET)中自然耗水量和人工耗水量的组成;

(5) 提出农田灌溉用水与耗水双控方法;

(6) 将相关成果集成为分析软件并完成技术培训。

3.6.1.2 技术路线

本项目将在大量前期研究工作的基础上,主要采用基础数据信息处理和试验观测的技术手段,按照"历史及现状农业用水、耗水调研—信息整理—灌溉试验—灌溉用水、降水量、耗水量规律分析—耗水控制、灌溉用水方法探讨—软件开发"的基本思路开展研究。其中灌溉用水与耗水规律研究及耗水控制与灌溉用水双控方法探讨是项目研究的关键环节和主要内容。技术路线图详见图3-2。

3.6.2 项目主要成果

(1) 完成典型区不同作物、不同灌溉方式下农田灌溉用水量调查。依据对比灌溉试验结果,结合调研,获得了华北平原区小白龙灌溉方式下小麦和玉米,小畦灌溉方式下大棚黄瓜、西红柿,传统漫灌方式下果树,全生育期灌水次数和灌溉定额。

(2) 完成典型区农田灌溉试验,获得了冬小麦、夏玉米、棉花在喷灌和小白龙灌溉方式下全生育期农田耗水量。获得了冬小麦和夏玉米全生育期按传统小白龙灌溉和喷灌方式下田间蒸发量和渗漏量。建立了不同作物、不同灌溉方式下的农田灌溉用水量与耗水量(ET)变化规律。

(3) 根据灌溉试验结果,建立了不同作物、不同灌溉方式下的农田降水量与耗水量(ET)变化规律。

(4) 构建农田土壤含水量与耗水量关系;采用国际粮农组织(Food and Agriculture Organization of the United Nations, FAO)推荐的彭曼-蒙蒂斯(Penman-Monteith)法计算潜在蒸腾蒸发量ET_{pot}(mm),并根据P、I和土壤含水量SW_t,分离典型区农田降水所产生耗水(自然耗水)和灌溉用水所产生耗水(人工耗水),估算蒸腾蒸发量的自然耗水量和人工耗水量组成。

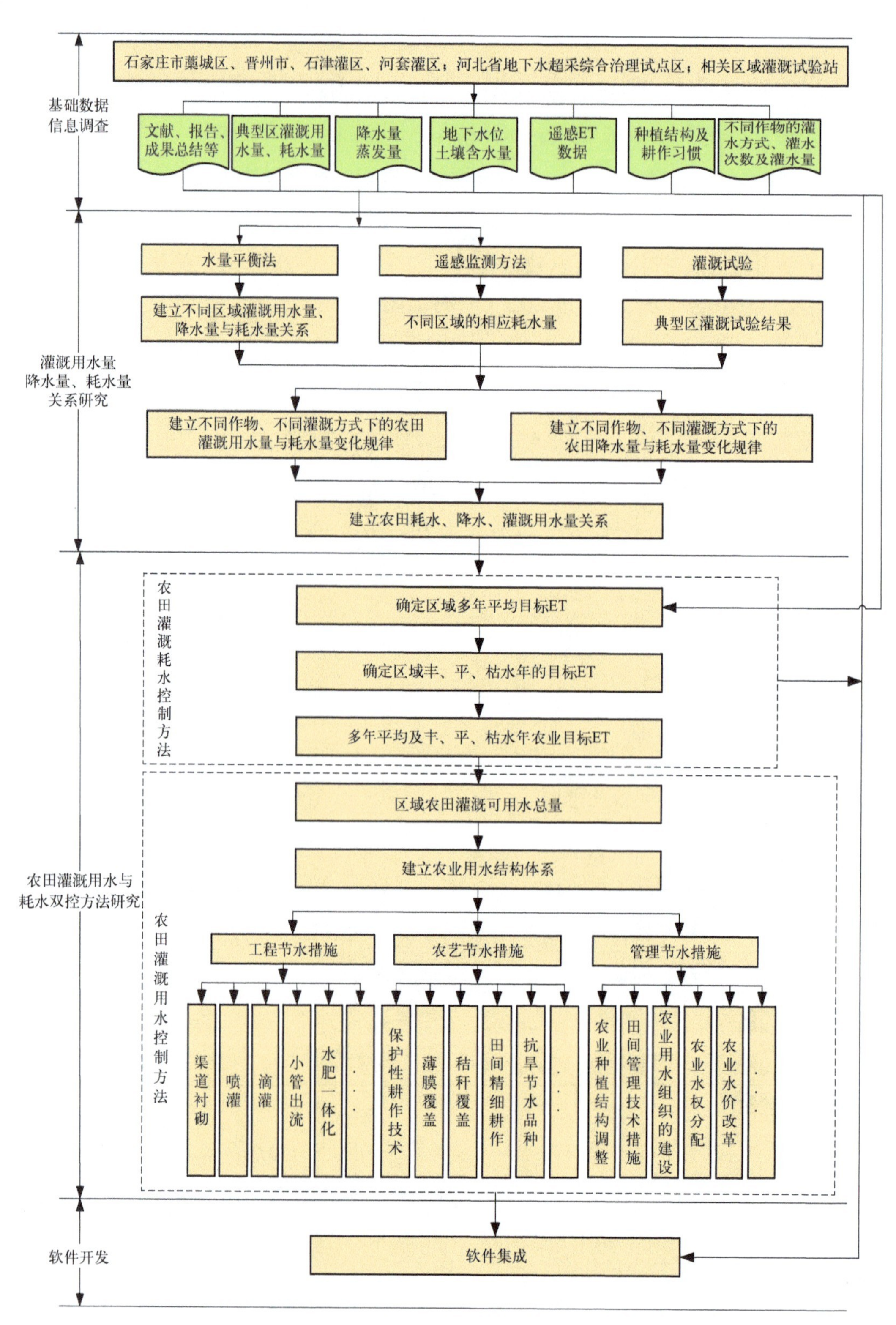

基础数据信息调查
石家庄市藁城区、晋州市、石津灌区、河套灌区；河北省地下水超采综合治理试点区；相关区域灌溉试验站
文献、报告、成果总结等
典型区灌溉用水量、耗水量
降水量蒸发量
地下水位土壤含水量
遥感ET数据
种植结构及耕作习惯
不同作物的灌水方式、灌水次数及灌水量
灌溉用水量降水量、耗水量关系研究
水量平衡法
遥感监测方法
灌溉试验
建立不同区域灌溉用水量、降水量与耗水量关系
不同区域的相应耗水量
典型区灌溉试验结果
建立不同作物、不同灌溉方式下的农田灌溉用水量与耗水量变化规律
建立不同作物、不同灌溉方式下的农田降水量与耗水量变化规律
建立农田耗水、降水、灌溉用水量关系
农田灌溉用水与耗水双控方法研究
农田灌溉耗水控制方法
确定区域多年平均目标ET
确定区域丰、平、枯水年的目标ET
多年平均及丰、平、枯水年农业目标ET
农田灌溉用水控制方法
区域农田灌溉可用水总量
建立农业用水结构体系
工程节水措施
农艺节水措施
管理节水措施
渠道衬砌
喷灌
滴灌
小管出流
水肥一体化
保护性耕作技术
薄膜覆盖
秸秆覆盖
田间精细耕作
抗旱节水品种
农业种植结构调整
田间管理技术措施
农业用水组织的建设
农业水权分配
农业水价改革
软件开发
软件集成

图3-2　项目技术路线图

(5) 提出了农田灌溉用水与耗水双控方法。根据区域耗水平衡分析，判断区域耗水总量是否超量，在耗水超量地区分离农田耗水指标，以所需压减农田耗水量为标准，组合工程措施、农艺措施和管理措施等减少农田耗水量，提出农田耗水控制方法；根据现状农田灌溉用水量，以所减少农田耗水量为目标，得到高效节水下的农田灌溉用水量，相应提出控制减少灌溉用水量的方法。

(6) 将相关成果集成为分析软件。利用Fortan语言进行软件开发，完成了农田耗水计算模型，并根据历史数据在馆陶县进行了试运行，可以利用逐日气象数据资料计算逐日潜在蒸腾蒸发量、逐日农田散发量和土壤蒸发量，之后根据降水时段末土壤含水量 SW_{pt} 和灌溉时段末土壤含水量 SW_{it} 所占时段末土壤含水量 ($SW_{pt}+SW_{it}$) 的比例，分离降水与灌溉所产生蒸腾蒸发量。

3.6.3 项目成果应用与效果

3.6.3.1 示范与应用

1. 晋州市安家庄村

晋州市东里庄镇安家庄村是河北省晋州市东里庄乡辖村，位于河北省晋州市东里庄乡，距307国道254 km处，现有人口1 560人。全村都采用机械化种植方式。该村的种植业主要粮食作物为小麦、玉米，杂粮，经济作物为梨果、葡萄、桃子等。如今的村民月平均收入已达到3 700元左右，连续多年被市政府有关单位评为小康村和社会治安文明村。全村可耕作土地共计约1 100亩，其中农作物小麦玉米作物种植面积287.74亩，杂粮227.99亩，葡萄、梨、核桃、桃的种植面积分别为256.39亩、63.1亩、6.5亩和81.5亩，蔬菜、花卉种植面积分别为7.5亩和81.77亩，苗木种植面积为84.69亩。

各种作物种植方式均为大田种植，灌溉方式主要为畦灌，畦田长度一般为50～70 m。一般情况下，小麦每年的灌溉次数为4次，玉米每年的灌溉次数为1次，杂粮每年的灌溉次数为2次，葡萄每年的灌溉次数为6次，桃树、蔬菜、花卉每年的灌溉次数为10次，梨树每年的灌溉次数为5次，苗木每年的灌溉次数为1次，核桃每年的灌溉次数为4次。

机井数量：该村共有机井50眼，其中2015年之前建造的30眼机井平均深度约为110 m，2015年后建造的20眼机井平均深度为150 m。每眼机井的建造及相关配套设施费用约为1.0万元，为农户出资建造，产权归属于灌溉范围内所有农户。

根据相关资料安家庄村2018年的灌溉综合用水定额为166.6 m^3/亩；2019年的灌溉

定额为 155 m^3/亩;2020 年的灌溉定额为 150 m^3/亩。

该示范区为纯井灌区,多年平均降雨量作为目标 ET,即藁城区 1960～2020 年的多年平均降雨量 463.9 mm 作为本次项目的目标 ET。

通过农田灌溉用水与耗水分离,多年平均降雨量产生 ET 为 397.6 mm,则多年平均农田灌溉产生耗水的控制指标为 66.3 mm。由于示范区农田全部采用畦灌,农田灌溉水有一部分回归到地下,一部分消耗于蒸发蒸腾,则示范区农田多年平均灌溉水量控制指标为 90.0 mm,合 60.0 m^3/亩。

2. 行唐县南差取村

河北省行唐县独羊岗乡南差取村采用中国灌溉排水发展中心地埋伸缩式喷灌技术与自身拥有的全地埋灌溉控制阀门技术相结合,实施了全地埋水肥一体化自动灌溉示范项目,达到省水、省肥、省工、增产、增效的现代农业自动化工程。试验田为 100 亩。

灌溉方式:前期节水前使用灌溉技术为漫灌,后期采取灌溉节水方式为伸缩式喷灌。

作物类型:粮食作物主要为冬小麦和夏玉米,其中冬小麦于每年 9～10 月份播种,于次年 5～6 月份收获;而夏玉米则于每年 6 月上中旬播种,于 9 月中下旬收获。因该地为砂地,导致渗漏量增加。小麦节水前灌溉 4 次,每次灌溉 180 m^3/亩,节水后灌溉 4 次,每次 32.4 m^3/亩。玉米节水前灌溉 1 次,每次灌溉 180 m^3/亩,节水后灌溉 1 次,每次 32.4 m^3/亩。

该示范区为纯井灌区,多年来没有产生降雨径流,非常相似封闭的水文单元,其目标 ET 就是多年平均降雨量,为 490.6 mm。

通过农田灌溉用水与耗水分离,该示范区多年平均降雨量产生 ET 为 375.8 mm,则多年平均农田灌溉产生耗水的控制指标为 114.8 mm。由于示范区农田全部采用喷灌,其农田灌溉水全部可用于消耗,则示范区农田多年平均灌溉水量控制指标为 114.8 mm,合 76.6 m^3/亩。全示范区 100 亩耕地多年平均灌溉水量应控制在 7 660 m^3。

3.6.3.2 取得主要成效

1. 晋州市安家庄村

示范区通过水价改革农业节水措施,节水效果显著,经过实施发现项目前后田间水的有效利用系数有了较小的提高。源头节水是本次项目的主要节水内容。在一定范围内增加水价,可以有效减低总取水量,从而导致田间水漏渗量减少,不断提高田间水的有效利用系数。

2. 行唐县南差取村

示范区节水前电费为6元/亩，节水后电费为3.78元/亩，节省37%。节水前灌溉施肥用工为50元/亩，节水后为16.3元/亩，节省67.4%。节水前土地利用率为92%，节水后为99%，提高了7.6%。产量基本保持不变。施肥由节水前25 kg/亩到节水后下降到20 kg/亩，年用水量也变小。

3.6.4 项目影响

项目成果对农田灌溉用水所产生ET有了更清晰的认识，在降水所产生的ET不受人类控制下，明确了农田灌溉产生耗水控制指标，逆向获得了农田可灌溉水量，进而为农田种植结构调整、农田节水技术改造、农业水价改革等提供了技术支撑。

3.6.5 项目创新

1. 建立农田耗水、降水、灌溉用水量关系

根据降水量、灌溉水量、土壤含水量、地下水位变化、遥感ET数据及相关气象资料，采用水量平衡分析方法，建立不同区域灌溉用水量、降水量与耗水量关系，并由典型区灌溉试验结果和遥感ET数据对该关系进行综合分析，进而推求出适用于不同区域的灌溉用水量、降水量与耗水量关系。

2. 建立农田灌溉用水与耗水双控方法体系

以区域降水量、灌溉用水量与耗水量关系为基础，以管理节水措施为主，辅助以工程节水和农艺节水措施，对所产生的真实节水量进行分析，结合遥感ET监测结果和区域ET分析成果，确定农田灌溉耗水控制方法和农田灌溉用水控制方法。

3.6.6 问题与建议

（1）本研究项目可以对不同区域某年农田降水和灌溉水所产生的ET进行识别，有助于消除不同降水所导致的农田ET波动，更清晰地判断灌溉水所产生ET的增减及所采用节水措施的效果。但遇有极端降水事件，所分离农田降水所产生ET和灌溉水所产生ET有一定的偏差，需要对分离方法在极端降水情况下进行更进一步的研究。

（2）项目研究成果可以在确定目标ET的基础上，根据某一区域多年平均降水量，进而确定区域多年平均农田可灌溉总量。由于目标ET的单一没有包括不同降水频率下的目标ET，研究成果暂时还不能确定丰、平、枯水年农田可灌溉总水量。

3.7 基于遥感信息的灌区地下水净开采量综合分析方法与模型构建*

3.7.1 项目背景

我国农业灌溉用水量巨大，占全国总用水量的比例超过 60%，其中约 1/3 来自地下水，尤其在北方平原地区，这个比例更高；而地下水的过度开采会导致诸多环境地质问题，因此，地下水超采控制和管理任务十分迫切。准确估算地下水净开采量(即地下水开采量减去地下水回流量)，是灌区水资源利用效率评价的基础，对指导节水农业建设、合理开发利用地下水具有十分重要的意义。

本项目通过构建快速、科学、客观地获取灌区地下水净开采量的技术和方法，为有效实施用水总量控制与定额管理客观评价灌溉用水效率以及严格水资源管理制度的实施提供科学依据。为此，在充分掌握灌区水循环和下垫面特点的基础上，基于机理性农田水文模型和遥感信息，构建灌区地下水净开采量的综合计算方法，并分析地下水净开采量的时空变化规律。

3.7.2 项目目标和任务

1. 在典型县域(河北省石家庄市藁城区和晋州市)构建灌区分布式水文模型

本项目将基于灌区 GIS 平台及灌区遥感灌溉面积、遥感种植结构等基本信息，研究灌区水循环过程，尤其是土壤水在非饱和带的运移途径，分析灌区地形、渠道、机井、作物种植区等多要素之间的空间关联；研究灌区作物、土壤水及地下水的相互关系。针对灌区水循环的基本特点，本项目将在自然流域建模理论和方法的基础上，研究针对灌区的空间离散方法和灌溉响应模拟方法，并在此基础上构建灌区分布式水文模型。

2. 在典型县域和灌区分别建立地下水净开采量计算方法

由于地面观测和试验难以快速且大范围的获取地下水净开采量，基于本项目开发的灌区水文模型，在模型数值实验、优化算法以及遥感作物耗水量(ET)的基础上，结合地

* 由唐莉华执笔。

面监测数据和遥感下垫面信息，以地下水平衡分析为核心，研究地下水净开采量的综合计算方法，总结不同分析单元的地下水净开采量计算特征。

3. 在典型县域和典型灌区进行地下水净开采量的计算，进一步分析灌区净灌溉用水量和灌溉水有效利用效率的变化规律及影响因素

以河北省石家庄市藁城区和晋州市为典型县域，以石津灌区和河套灌区为典型灌区，基于本项目提出的灌区分布式水文模型和地下水净开采量综合计算方法，选择不同类型的典型研究区开展地下水净开采量的模拟计算，分析其时空变化规律，并根据灌区水文循环的特点，综合分析田间净灌溉用水量及灌溉水有效利用效率的变化规律和影响因素。

3.7.3　项目成果

3.7.3.1　典型县域分布式水文模型

应用SWAP(Soil Water Atmosphere Plant)农田水文模型进行模型优化反演，结合模型模拟计算得出降雨入渗补给量、灌溉补给量等地下水补给量和地面监测数据和遥感下垫面信息，结合地下水位观测数据和饱和带地下水平衡分析，进行县域地下水净开采量的计算。

根据工作大纲的要求，选择石津灌区中石家庄市的藁城区和晋州市作为典型县域(图3-3)，构建了基于SWAP-PEST的灌区分布式水文模型。收集整理典型县域的降雨、遥感蒸发、气象、土地利用以及地下水位等数据，利用农田水文模型(SWAP)与参数优化工具(Parameter Estimation, PEST)进行模型优化反演，得到井灌区的有效灌溉量。对于纯井灌区，有效灌溉量也等于地下水净开采量。

SWAP是欧洲开发的田间尺度模型，该模型适用于对土壤-植物-大气环境中的水分运动过程进行模拟，能够较好地模拟土壤水、地下水的变化情况，对作物的蒸散发、产量、叶面积指数等也有较好地描述；而且模型内设灌溉模块，在输入数据以及参数设置完备的前提下，对灌溉量的模拟结果较好。SWAP模型由土壤水分运动、蒸散发、作物生长模拟以及灌溉模拟等模块组成。

利用县域内的土地利用及种植结构分布，将研究区离散化为1 km×1 km网格，在每个网格上利用SWAP模型进行土壤-植物-大气环境中的水分运动过程模拟计算。

PEST(Parameter ESTimation)优化算法由John Doherty开发，是一款发展较为成熟、应用较为广泛的非线性参数估计软件。该算法最主要的优点在于其可以对无法直接

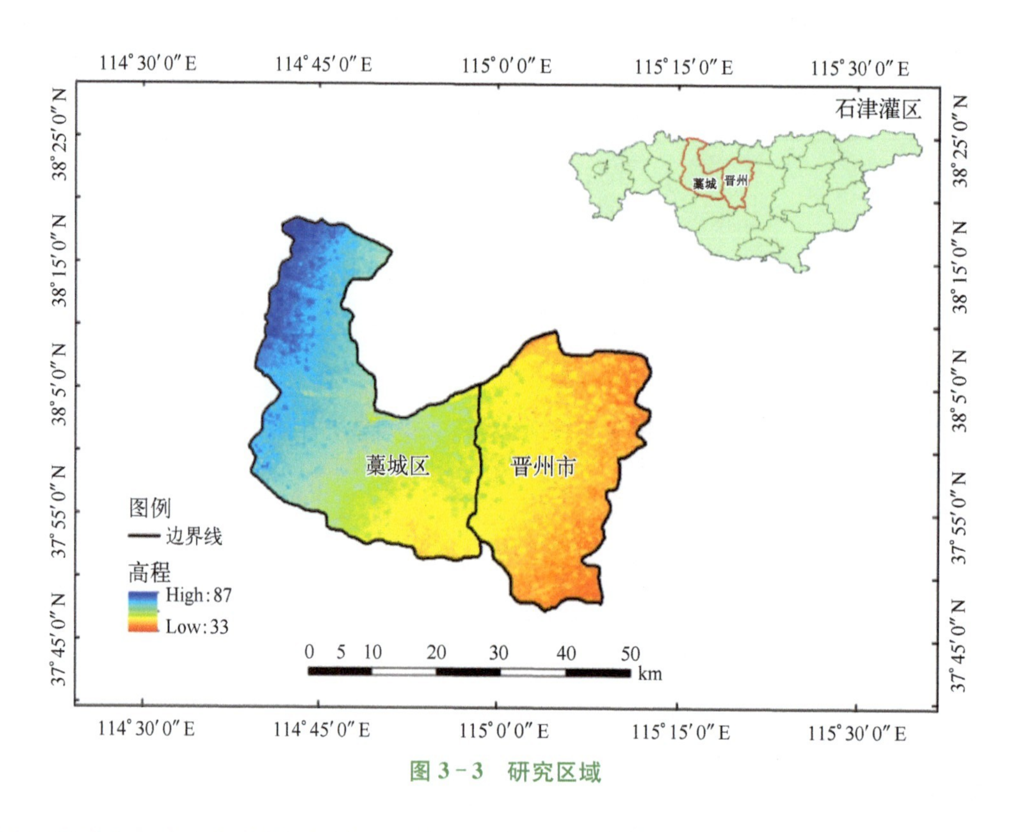

图 3－3　研究区域

测量得到的参数进行估算，且独立于模型本身，便于操作，因此，在地下水模型、水文模型和作物模型等的参数优化中多有应用。

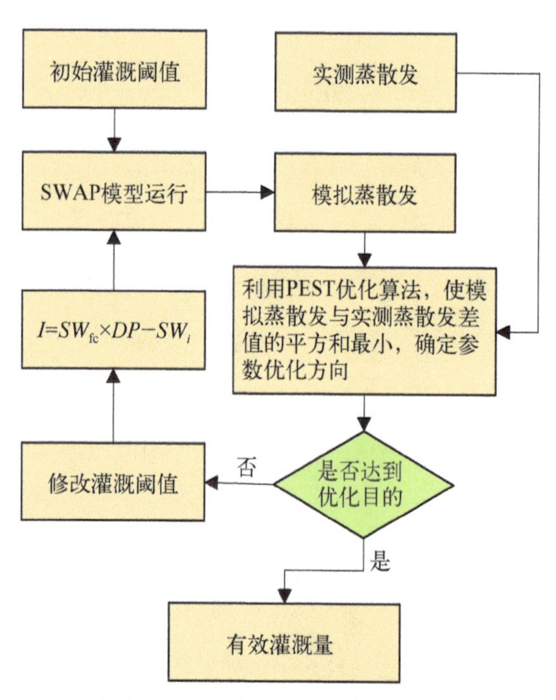

图 3－4　有效灌溉量计算方法框架

基于 SWAP 模型，利用遥感得到蒸散发量 ET 作为控制条件，采用 PEST 优化算法对灌溉阈值进行优化，从而得到有效灌溉水量。SWAP－PEST 耦合方法框架如图 3－4 所示，该方法结合 SWAP 模型和 PEST 优化算法，将验证之后的遥感 ET(认为是实测 ET)作为优化目标，寻优灌溉阈值，当模拟 ET 与实测 ET 最为接近时，认为此时最优灌溉阈值下的灌溉量为有效灌溉量，亦即纯井灌区的地下水净开采量。具体流程如下：

(1) 设置初始灌溉阈值，运行模型得到初始的模拟 ET。

（2）输入实测ET，利用PEST优化算法，使模拟ET与实测ET差值的平方和最小，确定优化方向，改变灌溉阈值。

（3）在新的灌溉阈值下重新运行模型，得到新的模拟ET。

（4）PEST优化算法控制不断重复（2）～（3）过程，直到达到优化目标或设定的优化次数为止。

（5）寻优过程结束，认为此时模型模拟的灌溉量为有效灌溉量。

3.7.3.2 地下水净开采量计算方法

本项目中提出了2种地下水净开采量的计算方法：一是构建机理性的分布式水文模型SWAP-PEST计算得到净灌溉量，结合饱和带水量平衡得到地下水净开采量；二是采用长短时记忆神经网络模型（LSTM）构建地下水净开采量的估算模型。

长短时记忆体（Long Short Term Mermor，LSTM）循环神经网络由Hochreiter和Schmidhuber提出，是改进的循环神经网络（Recurrent Neural Network，RNN）。由于LSTM结构内设置有细胞储存（Memory Cell）机构，故可以解决传统RNN在处理长时序信息时，产生的时序前后信息依赖问题和时序过长导致的梯度消失或爆炸问题。因此，由于具有独特结构、细胞状态以及控制门控制不同层的信息流，LSTM在处理长时间序列信息处理更为精确且高效。

具体流程如下：

1. 基于SWAP-PEST模型的地下水净开采量计算

基于已收集整理典型县域的降雨、遥感蒸发、气象、土地利用以及地下水位等数据，利用农田水文模型（SWAP）与参数优化工具（PEST）进行模型优化反演，得到井灌区的有效灌溉量，即为该研究区域用于农业灌溉的地下水净开采量（认定为“实测值”）。

2. 地下水净开采量时空规律及影响因素

首先，分析2个典型县域的地下水净开采量与降雨、蒸发要素随时间变化规律及其影响因素。其次，选取主要影响因素，即蒸发量、降雨量、表层土壤湿度和地下水水位变化量作为输入变量。最后，对选取的变量进行交叉相关分析，并依据最高相关值（Autocorrelation Function，ACF）描述两变量响应的时间差。

3. 基于LSTM神经网络的地下水净开采量预测模型

基于所选取的地下水净开采量相关变量及其时间差，基于CircularBlock-bootstrap算法（CBB）扩充训练样本，再利用超参数优化构建月尺度的预测模型。采用实际数据验证模型在具有相似地下水开采规律的井灌区的适用性。由于地下水净开采量不能直接测得，因此，假定 SWAP－PEST 模拟的地下水净开采量即"实测值"，对所构建的 LSTM 地下水净开采量预测模型的模拟精度进行评价。基于 LSTM 的地下水净开采量计算流程如图 3－5 所示。

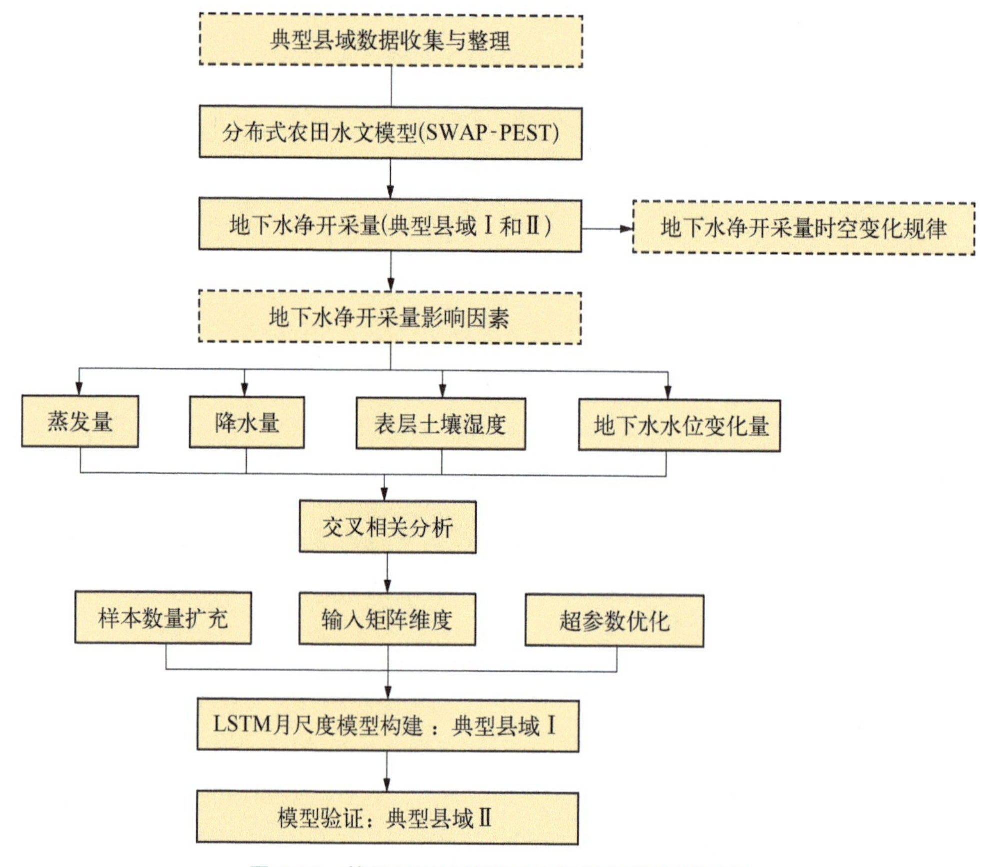

图 3－5　基于 LSTM 的地下水净开采量计算流程

3.7.3.3　典型县域和灌区的地下水净开采量计算及分析

1. 典型县域的地下水净开采量计算与分析

典型县域藁城区和晋州市都隶属于河北省石家庄市，地处河北省中南部腹地、滹沱河流域，总面积 1 455 km^2。藁城区地处太行山东麓河北平原中南部，属太行山洪积冲积山前倾斜平原。晋州市地处滹沱河和滏阳河冲积扇的交汇处，地势平缓开阔。两县域地表由西北向东南缓慢倾斜，属暖温带半湿润大陆性季风气候，由于地处平原，地势、地貌对气候影响不大，气候因素分布比较均匀，表现为冬冷夏热的气候特点。年平均积温基本满足一年两熟耕作制需要。

在典型县域(藁城区和晋州市),采用基于 SWAP - PEST 模型构建分布式水文模型,在此基础上,分析影响地下水净开采量的主要因素,并建立了基于 LSTM 的地下水净开采量估算模型。采用不同的地下水净开采量计算模型,分别计算典型县域地下水净开采量,并对结果进行分析。

在网格尺度(1 km×1 km)的研究县域上构建了月尺度的 SWAP - PEST 模型。其中,模型的预热时间为 2016 年 1 月～12 月,模拟时长为 2016 年 1 月～2018 年 12 月。模型的输入数据来自预处理得到的空间分辨率为 1km×1km 的气象要素,包括降雨量、最低气温值、最高气温值、水汽压值、平均风速和短波辐射等。用于 PEST 优化算法的实测遥感 ET 月值数据,时间长度为 2017 年 1 月～2018 年 12 月。

通过 SWAP - PEST 模型计算,结合水资源公报提供的其他开采量,进行地下水平衡分析,其中地下水的净开采量等于地下水净灌溉量加上其他用于工业和生活的开采量,从而得到藁城区和晋州市 2017～2018 年的地下水净开采量如下表 3 - 3 所示。

表 3 - 3　典型县域水量平衡

县域	年份	地下水补给量(万 m^3)		地下水排泄量(万 m^3)		地下水净开采量/(万 m^3)
		降雨入渗补给量	地下水侧向补给量	地下水净灌溉量	地下水其他开采量	
藁城区	2017	9 959.25	1 322.77	9 682.25	806.70	10 488.95
	2018	7 032.45	1 410.18	10 615.22	490.60	11 105.82
	平均	8 495.85	1 366.48	10 148.74	648.65	10 797.39
晋州市	2017	6 901.85	1 659.95	6 902.44	411.80	7 314.24
	2018	5 540.05	1 614.98	8 086.12	312.80	8 398.92
	平均	6 220.95	1 637.47	7 494.28	362.30	7 856.58

由模型预测得到的地下水净开采量,对地下水位变化进行反推,得出的地下水位变幅与石家庄市水资源公报的地下水位变幅数据进行比较(表 3 - 4),计算得出的地下水位变幅与公报实测地下水位变幅的绝对误差均在 0.5 m 左右,且两县域的 2017 年误差均小于 2018 年的误差。分析其原因,对于现有的预测样本资料而言,与 2017 年相比,目前所获取的 2018 年降雨站点数据较为稀缺,故导致 2018 年结果存在一定的误差。

表 3-4　典型县域地下水变幅比较

县域	年份	地下水净开采量（万 m^3）	实测（公报）ΔH(m)	计算 ΔH(m)	相对误差（%）
藁城区	2017	10 488.95	−0.55	−0.55	0.14
	2018	11 105.82	−0.93	−0.60	32.95
	平均	10 797.39	−0.74	−0.57	16.55
晋州市	2017	7 314.24	−0.52	−0.33	18.90
	2018	8 398.92	−1.07	−0.55	52.35
	平均	7 856.58	−0.80	−0.44	35.63

由于地下水净开采量无法直接测得，假定基于 SWAP-PEST 模型计算得到地下水净开采量的结果为实测值，而模拟值为基于 LSTM 地下水净开采量预测模型的计算结果。最终，可得验证结果如表 3-5 所示。

表 3-5　典型县域验证结果表

时间尺度 \ 评价指标			相关系数（R）	纳什效率系数（NSE）	基于 SWAP 地下水净开采量（mm）	基于 LSTM 地下水净开采量（mm）	相对误差（%）
藁城区	月尺度	2017	0.76	0.36	424.19	267.47	36.95
		2018	0.50	−2.36	453.77	293.24	35.38
		总序列	0.63	−0.19	877.96	560.70	36.14
	季节尺度		0.81	−0.19	—	—	—
晋州市	月尺度	2017	0.81	0.52	367.02	248.96	32.17
		2018	0.54	−0.52	369.84	291.65	21.14
		总序列	0.69	0.19	736.86	540.62	26.63
	季节尺度		0.88	0.24	—	—	—

分析表 3-5 可得，晋州市的各评价指标均优于藁城区，且两县域的相关系数 R 均较高，而纳什效率系数 NSE 均较低。其中，相关系数 R 表现为季节尺度最优，2018 年月尺度最差。进一步绘制两县域地下水净开采量季节尺度变化直方图（图 3-6），可见其在春夏两季模拟均较为令人满意，而秋冬两季均存在较大的误差。类似的，纳什效率系数在 2017 年最优，而 2018 年最差。分析其原因可能与 2018 年数据稀少缺失有关。对于年地下水净开采量而言，晋州市的误差小于藁城。其中晋州市误差约 26%，而藁城区的误差约为 35%。整体结果较为满意，但由于数据原因，两个模型的模拟均存在一定误差，故后续收集数据后可进一步提高其模拟精度。

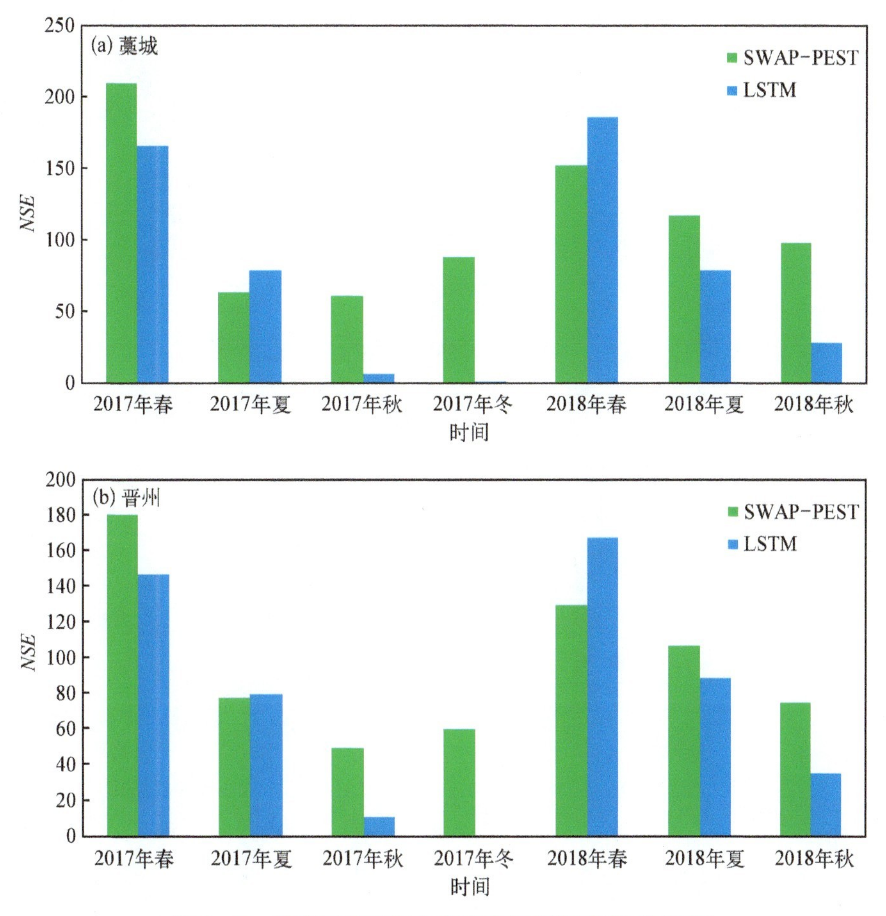

图 3-6　典型县域地下水净开采量变化图(季节尺度)

由于 LSTM 预测模型简化了复杂的物理过程,使用简单易得的变量,很大程度上简化了原先基于物理过程的 SWAP-PEST 模拟方法,在实践生产中具有一定推广和适用性。可是,受限于人工神经网络方法对于训练样本的依赖性,目前构建的模型仅适用于浅层地下水开采区,且为冬小麦-夏玉米种植模型的典型井灌区。

在典型县域,基于 LSTM 模型预测的结果,对 2017～2018 年的灌溉水量以及灌溉水有效利用系数进行分析,结果见表 3-6。

表 3-6　典型县域有效灌溉系数结果表

县域	年份	网格平均有效灌溉量(mm)	有效灌溉量(亿 m^3)	用于农业灌溉(公报)(亿 m^3)	有效灌溉系数
藁城区	2017	267.47	0.968 2	1.364 1	0.709 8
	2018	293.24	1.061 5	1.500 9	0.707 3
	平均	280.35	1.014 9	1.432 5	0.708 5

(续表)

县域	年份	网格平均有效灌溉量(mm)	有效灌溉量(亿 m^3)	用于农业灌溉(公报)(亿 m^3)	有效灌溉系数
晋州市	2017	248.96	0.690 2	1.360 0	0.507 5
	2018	291.65	0.808 6	1.105 0	0.731 8
	平均	270.31	0.749 4	1.232 5	0.619 7

由表3-6可知,藁城区2017～2018年平均有效灌溉系数为0.7,且基本稳定,而晋州市平均有效灌溉系数为0.61,但呈现一定程度的提高。由河北省灌溉用水有效利用系数测算分析成果报告可知,河北省2012～2017年灌溉水利用系数在0.64～0.67,故两典型县域的计算所得有效灌溉系数均合理。

绘制两典型县域水分盈亏量(蒸发量－降雨量)和地下水净开采量变化过程直方图(见图3-7)。可见,两典型县域的水分盈亏量和地下水净开采量的变化过程较为相似,且主要在春季(3～5月)呈现较为明显的正相关关系,而冬季(12月～次年1月)也呈现一定的正相关关系,但此时其开采量较小。因此,蒸发和降雨为影响春冬灌溉用水量的主要影响因素。

进一步分析其夏季与秋季的影响因素,绘制其表层土壤湿度和地地下水净开采量的变化过程图(见图3-8)。可以发现其夏季(6～8月)和秋季(9～11月)期间,灌溉点在2017年6月、2018年6月、8月和10月前,均出现了表层土壤湿度的较低点。故夏秋两季灌溉用水量的影响因素主要为土壤湿度。

综上,两典型县域主要在春季进行大量灌溉,且其影响因素为蒸发和降雨,偶尔在夏秋两季进行灌溉,此时其影响因素主要为土壤湿度。

2. 典型灌区的地下水净开采量计算与分析

(1) 石津灌区

石津灌区位于滹沱河与滏阳河之间的冀中平原,主要灌溉滹沱河下游以南,滏阳河以西地区。石津灌区是河北省最大的纯农业灌区,受益范围包括石家庄、邢台、衡水3个市,共14个县区158个乡,有效灌溉面积16.7万 hm^2。灌区年平均降雨量488 mm,年平均蒸发量1 100 mm,属温带半干旱、半湿润季风气候,适于小麦、玉米、棉花等农作物及苹果、梨、桃等林果生长。石家庄地区在灌区上游,有藁城、晋县、深泽、辛集、赵县共72个乡镇525个村受益,灌溉面积86万亩。

基于LSTM的地下水净开采量预测模型已在县域尺度上进行应用且预测结果较为

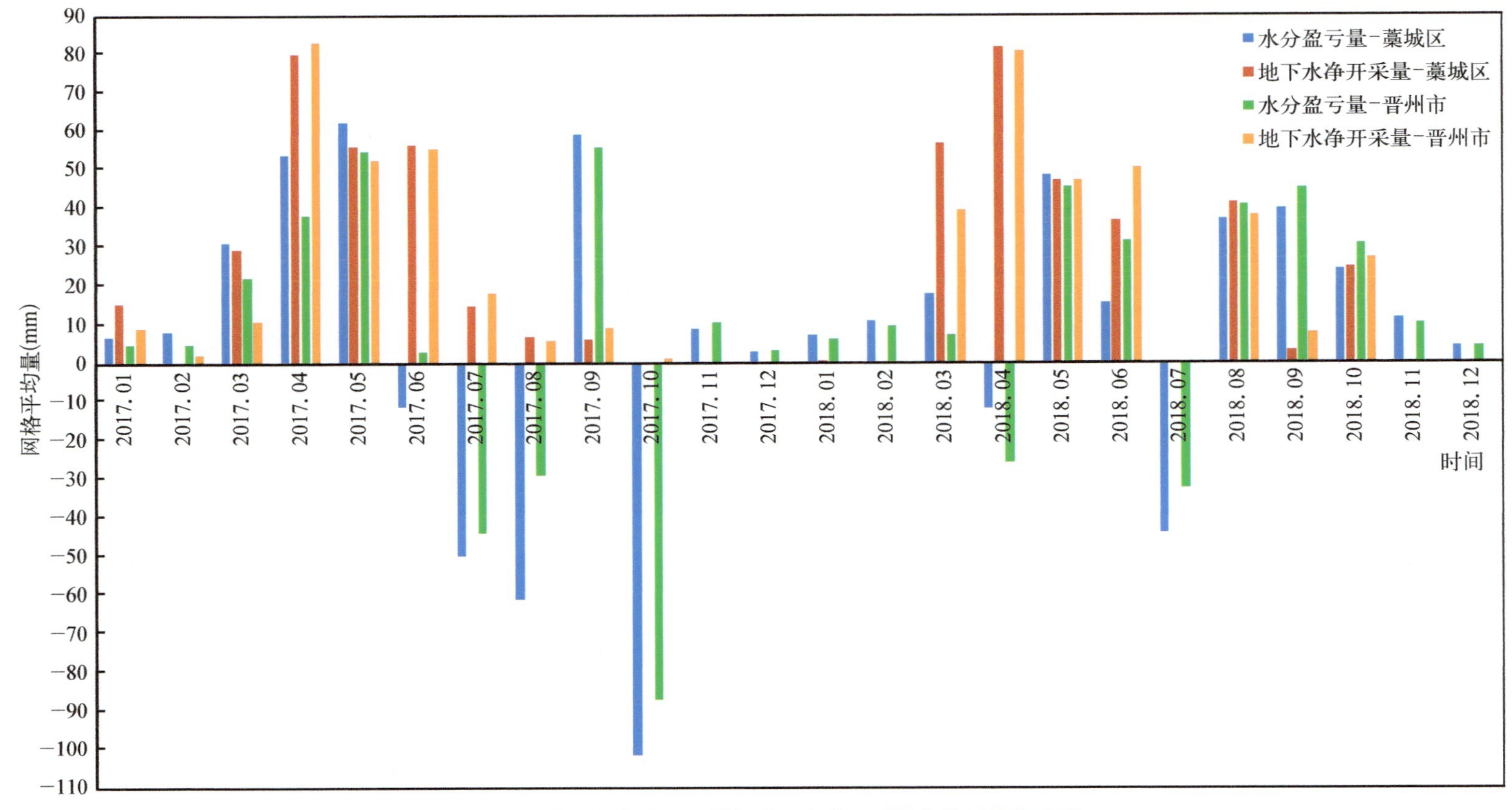

图 3－7　典型县水分盈亏量与地下水净开采量变化过程直方图

良好，而该节将进一步将该模型应用到灌区尺度上，从而对石津灌区 2017～2018 年的地下水净开采量进行预测。由于目前所有的石津灌区的蒸发数据为 2018～2019 年的数据，而其他数据只更新到 2018 年，故只对其 2018 年的地下水净灌溉量进行预测。由于石津灌区除了井灌区外，还包括有渠灌区和井渠双灌区。根据先前地下水净开采量的定义推导可知，此处 LSTM 模型模拟的结果为灌区有效灌溉量，且其包括地下水净开采量和渠道有效灌溉量。

采用 LSTM 模型预测得到的有效灌溉量变化量如图 3－9 所示。根据资料，2018 年

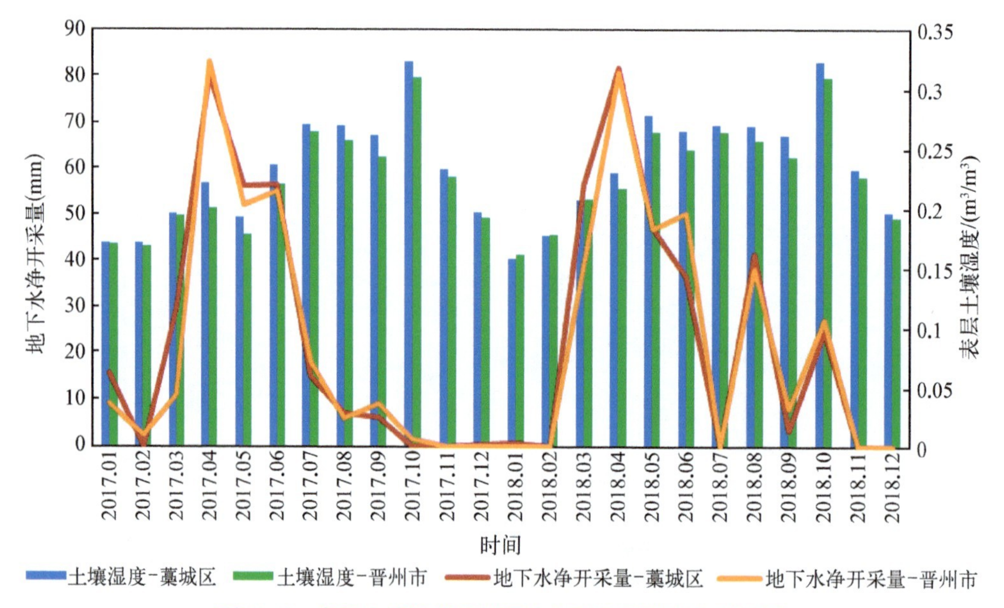

图 3－8 表层土壤湿度和地下水净开采量的变化过程图

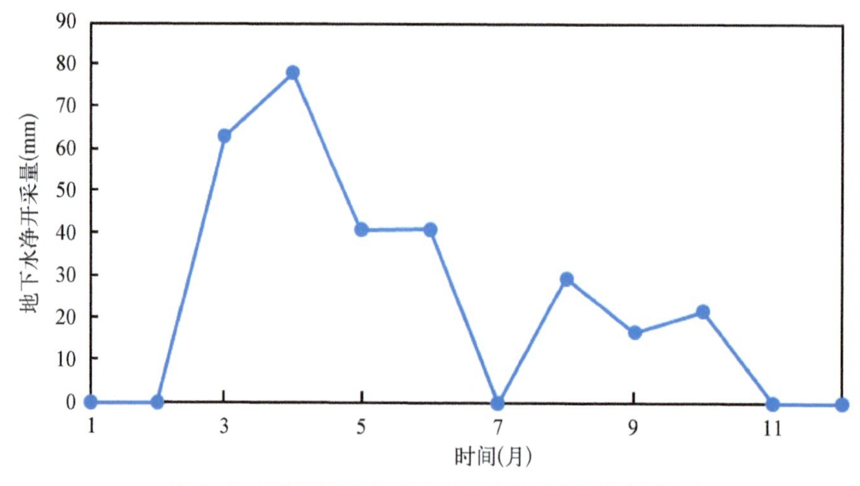

图 3－9 石津灌区 2018 年地下水净开采量模拟结果

石津灌区的地下水水位下降 0.45 m，而模拟计算得到的年有效灌溉量为 292.86 cm，考虑到构建的 LSTM 模型模拟精度的适用性和渠系相关灌溉数据的精度，故采用地下水位变动法只对其年净开采量进行评估。

结合文献调研可知，石津灌区的有效灌溉面积为 1 522 km^2，其农业灌溉量为 2.75 亿 m^3。结合降雨入渗、渠道入渗、给水度及渠系利用系数等相关参数，基于 LSTM 模型模拟结果进一步估算其地下水净开采量，同时借助水位变动法对其地下水净开采量模拟精度进评价并估算其有效灌溉系数(见表 3-7 和表 3-8)。

表 3-7　石津灌区基于 LSTM 模型地下水净开采量计算

多年平均渠道灌溉入渗(万 m^3)	渠系灌溉量(万 m^3)	渠系有效灌溉量(灌溉-入渗)(mm)	有效灌溉量模拟结果(mm)	地下水净开采量模拟结果(mm)	有效灌溉系数
12 540.00	59 714.29	211.86	292.86	81.00	0.61

表 3-8　石津灌区基于水位变动法地下水净开采量计算

降水补给量(万 m^3)	多年平均渠道灌溉入渗(万 m^3)	其他用水量(亿 m^3)	补给量(万 m^3)	水位变动量(万 m^3)	地下水净开采量		有效灌溉系数
					总量(万 m^3)	月均量(mm)	
15 524.4	12 540	1.95	8 524.40	−2 739.60	11 264.00	74.01	0.57

结合表 3-7 和表 3-8 的结果进行分析，可见 2 种方法计算得到的地下水净开采量相差约为 6 mm，而估算的石津灌区的有效灌溉系数在 0.55～0.6 之间。结合相关文献中所估计石津灌区 2015 年有效灌溉利用系数阈值为 0.5。因此可以认为，这 2 种方法最终计算的有效灌溉系数结果均在合理误差范围内，故基于 LSTM 模型计算地下水净开采量的方法在灌区尺度具有一定的适用性。

(2) 河套灌区

河套灌区是黄河中游的大型灌区，我国设计灌溉面积最大的灌区，位于内蒙古自治区西部的巴彦淖尔盟，北依阴山山脉的狼山、乌拉山南麓洪积扇，南临黄河，东至包头市郊，西接乌兰布和沙漠。河套灌区东西长 250 km，南北宽 50 余 km，总土地面积 1 784 万亩，包括巴彦淖尔市 7 个旗县区，阿拉善盟、鄂尔多斯市、包头市的一部分，现有引黄灌溉面积 902 万亩。河套灌区夏季高温干旱、冬季严寒少雪，年降雨量 100～250 mm，蒸发量高达 2 400 mm 左右，无霜期短、封冻期长，是典型的温带大陆性气候，是没有灌溉便没有农业的地区。

受限于河套灌区所收集的数据，故只在年尺度上采用地下水水位变动法对其地下水净开采量进行计算。河套灌区作物面积为 6 016 km^2，多年平均农业蓄水量为 48.67 亿 m^3。

根据水位变动法计算公式，计算河套灌区 2008～2017 年的地下水净开采量及灌溉有效系数，如表 3-9 所示。

表 3-9　河套灌区基于水位变动法地下水净开采量计算

年份	降水补给（万 m^3）	渠道灌溉入渗（万 m^3）	潜水蒸发（亿 m^3）	净侧向流入（亿 m^3）	多年平均工业以及生活用水（亿 m^3）	补给量（万 m^3）	水位变动量（万 m^3）	地下水净开采量（万 m^3）	灌溉效率系数
2008	1 335.5	178 640.00	16.13	1.11	1.01	19 655.55	−1 263.36	20 918.91	0.43
2009	528.81	209 960.00	16.13	1.11	1.01	50 168.81	−1 985.28	52 154.09	0.56
2010	890.37	193 600.00	16.13	1.11	1.01	34 170.37	−2 346.24	36 516.61	0.49
2011	551.07	181 520.00	16.13	1.11	1.01	21 751.07	4 872.96	16 878.11	0.43
2012	1 730.2	161 440.00	16.13	1.11	1.01	2 850.20	−1 082.88	3 933.08	0.36
2013	576.33	188 640.00	16.13	1.11	1.01	28 896.33	−541.44	29 437.77	0.47
2014	1 071.4	161 560.00	16.13	1.11	1.01	2 311.45	−2 707.20	5 018.65	0.36
2015	912.63	174 480.00	16.13	1.11	1.01	15 072.63	−360.96	15 433.59	0.41
2016	865.70	176 080.00	16.13	1.11	1.01	16 625.70	−2 165.76	18 791.46	0.42
2017	662.96	180 080.00	16.13	1.11	1.01	20 422.96	1 624.32	18 798.64	0.43

其中地下水净开采量的多年平均值为 2.18 亿 m^3，有效灌溉系数平均值为 0.43。通过查阅相关文献可知，灌区多年平均地下水开采量 1.48 亿 m^3，灌溉水利用系数为 0.3～0.36。考虑灌区地下水位等数据的精度，该结果还算合理。

3.7.4　总结与展望

3.7.4.1　主要结论

1. 地下水净开采量估算模型的构建

本研究基于 SWAP - PEST 模型和 LSTM 神经网络分别构建了月尺度地下水净开采量预测模型。目前，已成功将两模型均应用在县域尺度，以预测 2 典型县域（藁城区、晋州市）2017～2018 的地下水净开采量。其中，结合地下水平衡模型和 SWAP - PEST 模型对基于 LSTM 模型模拟结果进行验证，在年尺度上的模拟精度较为令人满意，而结合 SWAP - PEST 模拟结果可得季节尺度和月尺度的变化规律也模拟较为良好。

2. 灌溉水有效利用效率的变化规律及影响因素

基于LSTM模型得到2017～2018年的典型县域地下水净开采量，并计算得到藁城的灌溉水有效利用系数约为0.7，晋州的灌溉水有效利用系数约为0.6。两典型县域主要在春季进行大量灌溉，偶尔在夏秋两季进行灌溉，而其影响因素有蒸发、降雨以及土壤湿度。

在典型灌区，基于LSTM模型计算得到石津灌区2018年有效灌溉系数为0.61，基于地下水水位变动法得到的石津灌区2018年有效灌溉系数为0.57，而河套灌区2007～2017年的有效灌溉系数为0.43。

3. 构建方法的适用性分析

本研究构建的LSTM地下水净开采量预测模型可在具有相似地下水开采规律的井灌区县域以及灌区使用，且其模拟季节尺度变化以及年地下水净开采量有较高精度。相比于机理性的分布式水文SWAP模型，该模型很大程度上简化了计算方法并提高了计算效率。其中，在该研究中地下水开采规律主要为春季大量开采灌溉，冬季少量开采灌溉，而夏秋两季偶尔开采灌溉。

3.7.4.2 研究展望

限于研究数据和研究时间，本文研究结果具有一定的局限性，今后可在以下方面进一步深入研究：

1. 提高研究数据精度

由于所使用的地下水数据时间序列较短，尤其是年尺度数据，故导致年尺度模型无法在栾城进行进一步的验证分析，以期日后获取更长时间序列或事件分辨率更高的地下水数据开展研究；此外，其他数据，尤其是站点数据较为稀缺，故在进行插值的时候会对结果带来较大的误差。

2. 扩展研究区域范围

由于本书的研究区域为井灌区，只在井灌区应用验证，而对于渠灌区、井渠双灌区等的适用性还有待考证，故可从调整模型输入变量和改变矩阵维度等方面进一步改进模型。

3. 减少结果不确定性

一方面，由于地下水净开采量不能直接测得，书中所使用的地下水净开采量样本数据为SWAP模型模拟数据；另一方面，SWAP模型模拟的为用于农业灌溉的地下水净开采量而未考虑其他用途的地下水净开采量，故模型估算结果与实际的净开采量有一定误差，给结果带来了不确定性。

3.8 基于遥感的灌区 ET 数据生产和监测与分析*

3.8.1 研究背景和意义

缓解水资源矛盾的出路是全面推广节水措施，近年来大中型灌区已经实施了多项节水措施，尤其是农业节水措施；但水资源消耗量仍然超过长期可持续发展所允许的消耗量，地下水位持续下降，其主要原因是没有厘清整个区域蒸散耗水状况以及没有从整个区域尺度上开展耗水总量的控制，同时没有掌握每个地块尺度的耗水量，从而使得节水措施的责任落实不到户，管理措施不到户，节水很难达到实效。遥感信息的特点是既能反映地球表面的宏观结构特性，又能反映微观局部的差异。遥感监测以像元为基础，能提供全局的耗水量信息，又能将耗水量在空间上的差别监测出来。在全球环境基金海河流域水资源与水环境综合管理项目的基础上，利用遥感技术监测区域耗水量的方法得到了极大发展；能够提供不同土地使用类型、不同作物类型的耗水信息，以及从灌区到田块等不同空间尺度的耗水信息，从而为建立科学水资源配置的有效途径，为水量的定量监测、评价和跟踪管理提供技术支撑。

3.8.2 研究内容

因此，本项目是基于 RS 和 GIS 技术，以世界银行指定的单一技术来源 ETWatch 模型为基础，开展遥感 ET 的监测与分析，跟踪耗水变化过程，遥感获取作物种植结构、作物产量，为水资源与水环境综合管理项目提供客观的时间序列的耗水信息，为灌区耗水管理提供基础。本项目中任务如下：

(1) 生产子流域(滦河流域、滹沱河流域)250 m 分辨率的 2001～2020 年每月遥感 ET 数据；

(2) 生产项目区(承德市、石家庄市)30 m 分辨率的 2016～2020 年每月遥感 ET 数据；

(3) 生产示范区(石家庄市藁城区和晋州市)10 m 分辨率的 2019～2020 年作物生长季每月遥感 ET 数据；

---

* 由朱伟伟执笔。

(4) 示范区(石家庄市藁城区和晋州市)2019～2020年作物种植结构、作物产量遥感监测与分析。

3.8.3 研究技术方法和实施

2019～2020年3次冬小麦作物参数与3次夏玉米作物参数地面观测工作，观测项主要包括作物种植结构、生物量以及作物产量的地面观测数据。同时还包括作物种植密度、高度、叶面积指数等理化参数的观测，以及分别于2019年5月、9月和11月在石家庄市藁城区和晋州市开展了3次GVG采样，有效采样点约为10 000个冬小麦与蔬菜的样本点。可为本项目中遥感ET地面验证、种植结构监测所需要的地面训练本样本与监测结果的验证以及生物量产量监测结果的验证提供地面观测数据支撑。

本项目根据蒸散耗水生产的需要，分别收集获取了高低分辨率遥感数据以及气象数据、水热通量站站点观测数据，并开展了相应的数据处理。其中，低空间分辨率数据主要为MODIS原始遥感影像数据、AIRS温湿廓线数据以及NECP大气边界层风速。MODIS数据包括反射率数据(MYD09GA)和地表温度数据(MYD11A1)，数据存储格式为HDF文件，由于MODIS产品数据已经过辐射定标、几何纠正、大气校正等预处理过程，故处理的主要步骤包括格式转换、投影转换、裁切、地温和云通道信息提取、地表反照率和NDVI计算等过程，并拼接裁切成一个单独的文件，主要是按照滦河流域与滹沱河流域的区域范围将MODIS文件裁剪成同等大小，另外地表反照率的计算采用Liang的算法，进行MODIS窄波段向宽波段的转换，NDVI计算按照通用的算法进行，地表温度的计算采用的是目前应用最广的分裂窗算法。AIRS数据包括地表表层温度和气温、100层大气温度、100层水汽质量混合比、100层大气位势高度、地表位势高度等要素，NECP数据为多层大气风速数据，AIRS数据和NECP数据主要用于大气边界层参量的提取；AIRS数据处理的主要步骤包括格式转换、投影转换、裁剪、边界层参量提取。前3个步骤与MODIS数据的处理过程类似。边界层参量的提取包括大气边界层高度、温度、湿度和压强的提取，边界层高度的提取采用Feng的算法，大气位温的垂直梯度变化在边界层高度处有一个明显的拐点，从而确定边界层高度，并提取出该高度的气温、湿度和压强；NCEP数据的处理与AIRS数据的处理过程相同，根据AIRS处理过程中确定的大气边界层压强对NCEP风速垂直廓线数据进行处理，提取得到大气边界层风速。中高空间分辨率遥感数据主要采用GF-1和Landsat TM8数据，GF-1、Landsat TM8和Sentinel-2数据的预处理主要包括了几何精校正、辐射标定和大气校正，大气校正是将大气顶层反射率转换成地表反射率。几何精校正主要依靠项目参与人员人工选取大量的地面控制点进行校正;几何纠正的平均误差在平原区控制在0.5个像元左右,部分山区地带的影像几何偏差稍大,但几何定位误差均控制在1个像元以内;辐射定标是将DN值转换为辐亮度或大气顶层发射率,主要依靠数据元文件中的定标参数;地形反照率纠正是针对地形复杂的山区(如承德地区)提供的特有功能,而在平原区是不需要进行此纠正的。经过几何纠正、辐射定标与大气校正之后,就获取了各景影像蓝波段、绿波段、红波段和近红外波段的地表反射率,利用植被指数计算公式分别计算了各景影像对应的NDVI,获取了各期影像对应的NDVI影像,最后用于30 m分辨率ET计算。气象数据的获取包括逐日的气温、压强、风速、相对湿度、日照时数等要素的获取,对于获取的数据,首先需要开展不同站点不同时间段数据的整编并整理为符合处理要求的格式,然后按要求对各气象要素进行空间插值。最常用的插值方法有几何方法有泰森多边形(最近距离法)和反距离加权方法,常用的统计方法有多元回归方法,空间统计方法以克里格(Kriging)为代表,常用的函数方法有样条函数、双线性内插、径向基函数插值等。各种方法各有优劣,可以优势互补。针对特定的数据集,根据流域的经验,选择相应的插值方法进行插值。其中温度最大值、最小值和平均温度插值时,利用海拔将站点的温度数据推算到海平面,经过空间插值后再用DEM数据反推回去。大气压原理与温度类似,先将站点测得的本站气压推算到海平面气压,插值完成后再用DEM数据反推回去。水热通量站点观测数据主要为EC数据,针对收集到的EC数据,采用EdiRe软件处理步骤主要包括野点值的剔除、延迟时间的校正、超声虚温转化为空气温度、坐标旋转、空气密度效应的修正等。在此基础上对观测数据进行了严格的筛选。筛选标准如下:① 剔除传感器状态标志异常数据;② 剔除降水时次及该时次前后1 h数据;③ 剔除原始30 min记录不完整(缺测大于3%)的时次;④ 剔除湍流混合较弱时次的数据。在大气较稳定时,湍流混合较弱,此时测量的通量存在一定的不确定性。采用摩擦风速作为大气湍流混合强弱的判断标准,通量随摩擦风速明显减小的区域作为其临界值。涡动相关仪在长时间连续观测中,观测数据会有不同程度的缺失,采用查表法对缺失的数据进行填补。结合地表观测的净辐射,以及采用土壤温湿度预报校正法获得的土壤热通量,根据能量平衡原理最终计算获得水热通量站点观测的蒸散数据,为遥感监测结果提供地面观测支撑。

3.8.4 研究成果

基于处理后的遥感、气象等数据处理结合,采用ETWatch模型,本项目于2019年12月完成了滦河流域、滹沱河流域250 m分辨率2001～2018年蒸散发数据集的监测，以及承德市、石家庄市30 m分辨率2016～2018年蒸散发数据集的监测。且于2019年底完成了基于遥感的滦河流域、滹沱河流域，以及承德市、石家庄市耗水(ET)数据集生产和监测与分析的阶段性成果汇报，并通过了中央项目办组织的专家评审。于2020年12月完成了滦河流域、滹沱河流域250 m分辨率2019年蒸散发数据集的监测、承德市、石家庄市30 m分辨率2019年蒸散发数据集的监测，以及石家庄市藁城区和晋州市2019年作物种植结构、作物生物量产量的监测。且于2020年底完成了基于遥感的滦河流域、滹沱河流域、承德市、石家庄市以及藁城区和晋州市的耗水数据监测与分析的阶段性成果汇报，并通过了中央项目办组织的专家评审。于2021年6月完成了滦河流域、滹沱河流域250 m分辨率2020年蒸散发数据集的监测、承德市、石家庄市30 m分辨率2020年蒸散发数据集的监测，以及石家庄市藁城区和晋州市2020年作物种植结构、作物生物量产量的监测工作。

本项目形成了2001～2020年滦河流域与滹沱河流域250 m分辨率逐月的遥感ET数据集、2016～2020年承德市与石家庄市30 m分辨率逐月的遥感ET数据集、2019～2020年藁城区和晋州市10 m分辨率作物生长季逐月的遥感ET数据集与作物种植结构、作物生物量产量等相关数据集，并提交了项目成果报告。

基于项目研究区内的栾城区水热通量站、项目区周边的密云县水热通量站及馆陶县水热通量站点观测数据，完成了对本项目不同尺度的蒸散发数据集的验证，验证结果表明遥感监测的蒸散耗水量数据与地面观测值较为一致，并分析了不同尺度蒸散数据集的年度变化规律、月度变化规律、季节性变化规律，以及不同行政区、山区与平原区与不同土地覆被类型的蒸散发变化规律。

整体来说，滹沱河流域2002、2005、2006年为较干旱年，这些年份的土地覆被类型蒸散发数据统计结果表现出：水体＞林地＞旱地＞草地＞城区的逻辑变化特征，同时平原区与山区的旱地蒸散对比表明，平原区的旱地蒸散明显大于山区的旱地蒸散。不同行政区统计表明，衡水市的年蒸散相对最大，而忻州市的年蒸散相对最小，同时，在2001～2020年度变化呈现增加的趋势。滹沱河流域逐月ET分布结果表明，基本呈现出春冬偏低，夏秋偏高的特点，且由于滹沱河流域大部分的耕地均种植冬小麦和夏玉米的双季作物，ET的月过程线也在5月和7～8月2种作物的生长高峰期出现2个明显的双峰。此外，夏季月份全流域降雨较为频繁，也会导致流域7月和8月的ET累计值较高，以2020年为例，降雨量分别为87.2 mm和79.3 mm，均位于多年同期平均水平。2001～2020年滹沱河流域水分盈亏分析结果表明，滹沱河流域中部、东部平原区年蒸散值均大于降雨量，存在水分亏缺状况；而西北部山区降雨量高于蒸散量，水分存在盈余状况。另外，石家庄市及藁城区与晋州市的不同尺度蒸散月度变化与整个滹沱河流域的变化趋势一致。

滦河流域 2001～2020 年蒸散数据时空分布表明，空间变化显著，整体呈现东南高，西北低的趋势。其中高值区位于唐山地区，该地区在 2001、2010、2012、2016、2020 年水量充沛，低值区主要位于滦河流域内蒙古自治区境内的赤峰市和锡林郭勒盟，多年 ET 大都低于 300 mm，该地区海拔高，气温低，植被覆盖率也较低，故蒸散呈现明显的低值区。滦河流域逐月蒸散分布结果表明，基本呈现春冬偏低，夏秋偏高的特点。虽然滦河流域上游大部分的耕地主要为一季作物，而下游大部分的耕地主要种植冬小麦和夏玉米的双季作物，但由于在 6 个土地覆被类型中，林地、草地的占比较大，而耕地占相对较小，故蒸散的月过程线仅呈现单峰的分布状态。此外，夏季月份全流域降雨偏多，以 2020 年为例，夏季月份蒸散达到 426.6 mm，而年度蒸散值为 474.0 mm。2001～2020 年滦河流域春、夏、秋、冬 4 个季节的多年平均蒸散空间变化上整体都呈现出自东南向西北递减的趋势。2001～2020 年滦河流域水分盈亏分析结果表明，多年蒸散和降雨量的对比存在波动，即流域内的水分盈亏并不稳定，滦河流域中部和南部的大部份区域年蒸散值均大于降雨量，水分亏缺。2001、2010、2012、2016、2020 年的蒸散显著小于降雨量，表明流域水分盈余，其中 2006、2009、2018 年遭受较为严重的旱情导致蒸散显著大于降雨量，2004、2007、2011、2013、2017、2019 年的降雨量和蒸散均维持在相近的水平线上，其中 2017 年和 2019 年水分稍有盈余，而 2007、2011、2013 年水分稍有亏缺。同样，承德市的蒸散月度变化与整个滦河流域的变化趋势一致。

2019～2020 年石家庄市藁城区与晋州市两地的土地利用类型监测结果表明，主要类型分别为林地、旱地、建设用地、交通用地、水体。其中，2019～2020 年藁城区主要土地利用变化类型为旱地和特色果园，其中旱地有微小增加的趋势，相反，特色果园有微小下降趋势。晋州市，2019～2020 年该区域土地利用类型基本无变化。

整体来说，藁城区与晋州市的作物种植结构分布总体监测分类精度达 98.89%。其中，2019～2020 年藁城区与晋州市主要种植的春季农作物为冬小麦、蔬菜大棚；秋季主要农作物为玉米、大豆、蔬菜。藁城区 2019～2020 年，主要农作物冬小麦种植面积有微小下降趋势，而玉米与大豆种植面积有微小上升变化趋势。晋州市 2019～2020 年，主要农作物冬小麦种植面积有下降变化趋势，而玉米种植面积上升变化趋势。

4 主要流域推广水资源与水环境综合管理方法

4.1 在辽河流域开展水资源与水环境综合管理规划年度监测(沈阳市、鞍山市、盘锦市、抚顺市)*

4.1.1 研究背景和意义

近年来,随着中国城市的快速扩张和工业生产的急速增长,农业用水、生活用水和工业用水需求大幅增加。此外,气候变化的影响对实现和维护国家水资源的可持续管理构成了新的挑战。中国北方地区受干旱影响,缺水问题尤其突出。水资源稀缺和水污染导致水量和水质发生显著变化,也对依赖水资源的下游用户和生态系统造成影响。

辽河流域多年平均地表水资源量为 137.21 亿 m^3,多年平均地下水资源量为 139.57 亿 m^3,多年平均水资源总量为 221.92 亿 m^3。浑太水系上游水资源相对较丰富,西辽河水资源严重短缺。考虑到研究区水质变化对辽河流域的影响,针对研究区中经济高速发展、水资源严重短缺、具有高敏感保护目标的地区,本项目选择位于辽河流域中下游地区的沈阳市、鞍山市、盘锦市、抚顺市 4 个城市作为示范区。

本项目主要从现状调查入手,通过实测水质监测点、国/省控监测点、污染源、水文测站、统计公报、管理措施和社会经济数据等了解沈阳市、鞍山市、盘锦市和抚顺市 4 个城市的水质现状、水资源现状以及污染物排放现状。选择氨氮(NH_3-N)、化学需氧量(COD)、总磷(TP)和总氮(TN)4 个指标因子进行水质监测,通过对研究区重点地区的污染物排放、

* 由王凌青、李宣瑾、李红颖、王雪平、冯朝晖、韩萧萧、李婉书、赵筱媛执笔。

断面水质等相关数据进行监测分析，开展水环境管理效果评价工作。通过对研究区水资源与水环境综合管理的各个环节进行定量分析和实施效果评估，进行流域和区域水资源与水环境综合管理主流化模式的应用推广和“水十条”贯彻实施效果的监测评估工作，以此验证辽河示范区实践的创新技术和政策干预手段的有效性。根据监测评估结果，对研究区水资源与水环境管理提出有针对性的对策建议和改进措施，以供流域管理单位和受益项目区有关部门参考，便于在研究区范围内继续推广基于耗水（ET）/环境容量（EC）的水资源与水环境综合管理方法。

4.1.2 研究主要内容和研究技术方法

4.1.2.1 主要内容

1. 基于 ET/EC 的辽河流域水质监测分析

根据辽河流域水系分布，结合辽宁省“水十条”目标责任书中地表水水质目标，在辽河流域各级水系划分控制单元，设置水质监测断面，开展水质常规监测，构建流域水环境监测体系，实现控制单元水质精细化管理目标；调查辽河流域污染源，根据控制单元划分情况，明确影响断面水质的主要污染源分布情况。同时，对辽河流域内环保、水利等有关部门和社会公众较为关注的重要支流开展必要的监测统计工作。

2. 辽河流域水环境管理调查分析

基于环境容量（EC）管理的最新理念，围绕国家“水十条”要求和辽宁省贯彻落实“水十条”有关要求，深入了解辽河流域“水十条”任务中各项治理措施的落实情况，具体内容包括：辽河流域控制污染物排放情况、节约保护水资源情况、加强水环境管理情况、保障水生态环境安全情况等，并对其进行系统分析。

3. 辽河流域水环境管理效果评估

根据辽河流域辽宁省“水十条”工作目标，通过现状水质目标达标率与监测数据达标率之间的比较分析，对辽河流域水环境质量管理效果进行评估；通过辽河流域各类水体数量与比例的逐年变化情况之间的比较分析，对辽河流域水质改善效果进行评估；对辽河流域实施水资源与水环境综合管理措施的效果进行评估，并提交监测评估报告。

4. 辽河流域持续推进水资源与水环境综合管理有关对策措施与建议

根据辽河流域水质监测评估结果，全面系统地总结辽河流域实施水资源与水环境综合管理的经验，分析其存在的不足之处，并从控制单元管理、污染总量控制管理、排污权管理、环境容量(EC)管理等方面，提出进一步加快推进辽河流域实施水资源与水环境综合管理制度的针对性的对策措施与建议。

4.1.2.2 研究技术方法

本项目主要从现状调查入手，通过实测水质监测点、国/省控监测点、污染源、水文测站、统计公报、管理措施和社会经济数据等了解沈阳市、鞍山市、盘锦市和抚顺市 4 个城市的水质现状、水资源现状以及污染物排放现状。选择氨氮(NH_3-N)、化学需氧量(COD)、总磷(TP)和总氮(TN)4 个指标因子进行水质监测，开展水环境管理分析以及管理效果评价，最后提出对策和建议等。为给 ET/EC 技术体系提供理论支撑，选取了具有代表性的小流域分析其水资源状况，同时计算其目标 ET。针对水质达标情况和水资源管理情况，对 4 个城市的水资源与水环境管理效果进行综合评估，以期总结出有效、持续推进不同城市水资源与水环境综合管理的对策措施与建议。具体的技术路线图如图 4－1 所示，技术方案概述图如图 4－2 所示。

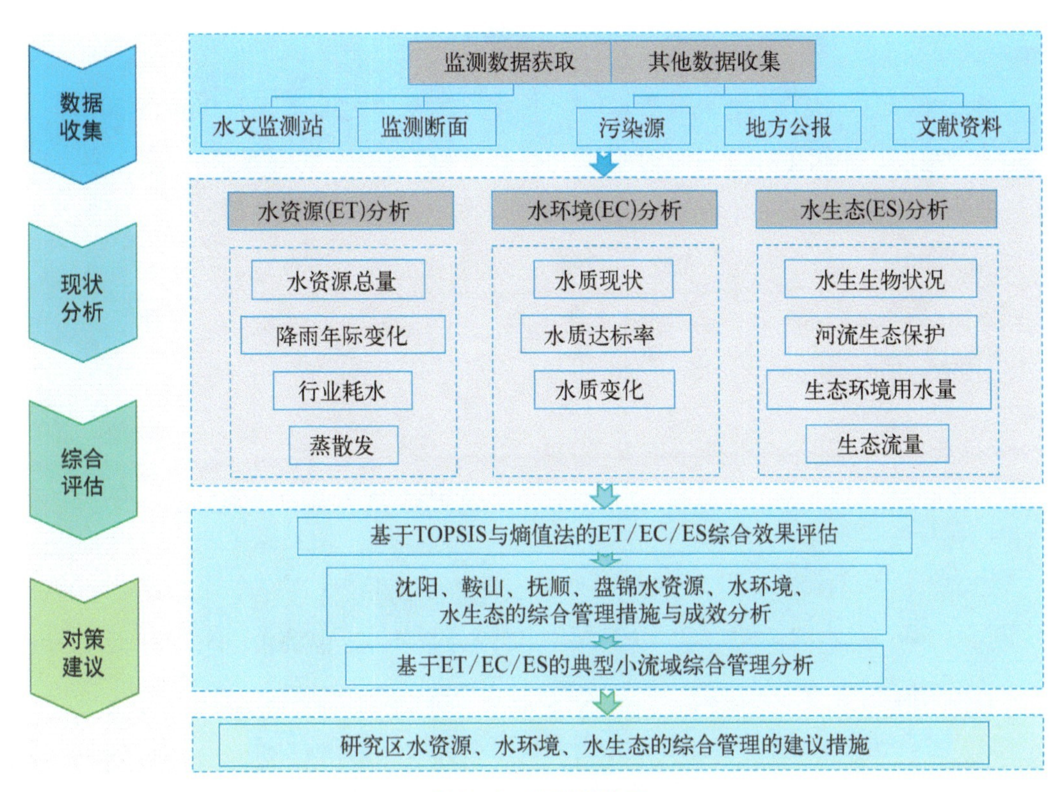

图 4－1 技术路线图

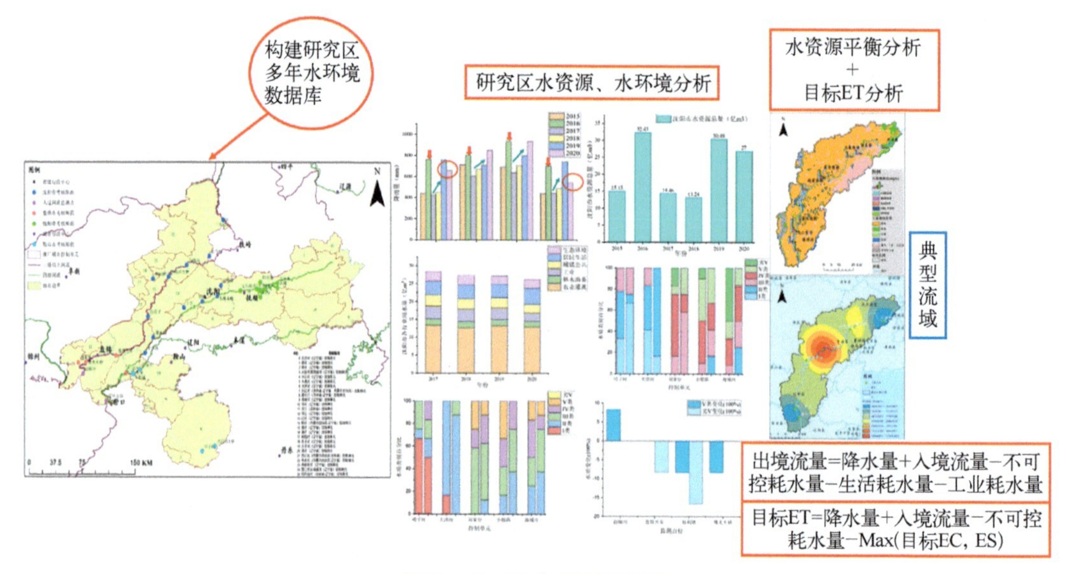

图 4-2　技术方案概述图

4.1.3　年度监测要求与结果

4.1.3.1　监测要求与完成情况总结

对照 GEF 主流化项目评估文件(PAD)与合同任务书要求,该项目以项目推广区选定城市为重点,开展了以下工作:① 监测分析当前蒸腾蒸发(ET)和水污染情况;② 开展水资源与水环境综合管理(IWEM)实施效果评估;③ 提出继续实施水资源与水环境综合管理方法改进措施的有关意见和建议,并形成了《辽河流域水资源与水环境管理实施评估实地调研和监测方案》和《辽河流域水资源与水环境管理方法实施效果评估系列报告(2019、2020、2021 年度)》。

4.1.3.2　项目区的年度水环境监测结果

1. 2019 年度水环境监测结果

如表 4-1 所示,2019 年辽河流域总体上各断面的达标情况良好,5 个断面全年达标率 100%,16 个断面达标率在 80%以上,占比 50%,同时牛庄、蒲河沿、于台、曙光大桥断面的达标率低于 50%。

(1) 沈阳市共有 11 个国考断面(分别是辽河马虎山、巨流河大桥、红庙子、浑河东陵大桥、砂山、于家房、拉马河拉马桥、细河于台、柳河柳河桥、蒲河兴国桥和蒲河沿断面),

表 4-1　2019 年研究区内水质断面达标率

地　区	点　　位	达标率(%)
鞍山市	关门山大桥	100.00
	口子街	100.00
	小姐庙	90.00
	刘家台	83.33
	牛　庄	33.33
沈阳市	兴国桥	100.00
	砂　山	91.67
	拉马桥	90.91
	柳河桥	85.71
	马虎山	66.67
	巨流河大桥	66.67
	红庙子	63.64
	于家房	45.45
	蒲河沿	41.67
	于　台	16.67
抚顺市	浑 7 左	100.00
	浑 37 左	100.00
	古　楼	88.89
	大伙房水库	83.33
	浑 7 右	83.33
	阿及堡	81.82
	戈布桥	80.00
	台沟	72.73
	北杂木	66.67
盘锦市	盘锦兴安	54.55
	胜利塘	50.00
	曙光大桥	33.33
	赵圈河	100.00

2019 年 1～9 月份，按照城市水质综合指数计算，水质同比改善 17.69%，主要超标污染物浓度有所下降，水质总体趋好。但仍然有 3 个断面超过考核目标，分别是浑河于家房、蒲河沿和细河于台断面。

（2）盘锦市位于辽河最下游，面临城市基础设施建设短板、(雨)污水管网分流不彻底、水稻种植农田退水、支流生态水不足等问题，河流断面水质达标工作压力巨大。全市共有 5 个国考断面，分别是兴安断面、曙光大桥断面、胜利塘断面、三岔河断面和赵圈河断面，2019 年 1～9 月，无劣Ⅴ类水体，水质达标率 20.0%。其中，曙光大桥断面、胜利塘断面和赵圈河断面存在不同程度的超标现象。

(3) 2019 年前 8 个月，鞍山市 6 个国控断面中，只有海城河牛庄断面水质为劣Ⅴ类。但 9 月份，该断面水质已改善为Ⅴ类，主要污染物除生化需氧量外，均达到Ⅳ类水质标准。

(4) 从目前监测结果来看，2019 年 1～12 月抚顺市各断面的情况均处于良好状态，说明对辽河流域抚顺研究区内水环境的治理工作成果显著，后期应进一步总结相关工作经验，为辽宁省其他地区提供经验和建议。

2. 2020 年度水环境监测结果

2020 年鞍山市、抚顺市、盘锦市和沈阳市 4 个推广区 32 个监测断面的达标情况为：8 个断面达标率 100%，25 个断面达标率在 70%上，总体上水质达标率占比为 78.125%，同时柳河桥、马虎山、北杂木断面的达标率低于 60%(表 4-2)。

表 4-2　2020 年研究区内水质断面达标率

地　区	断　面	达标率(%)
鞍山市	关门山大桥	100.00
	口子街	100.00
	小姐庙	100.00
	刘家台	66.67
	牛　庄	77.78
沈阳市	兴国桥	100.00
	砂　山	77.78
	拉马桥	77.78
	柳河桥	50.00
	东陵大桥	77.78
	马虎山	55.56
	巨流河大桥	77.78
	红庙子	88.89
	三合屯	77.78
	于家房	77.78
	蒲河沿	100.00
	于　台	66.67
抚顺市	浑 7 左	88.89
	浑 37 左	66.67
	古　楼	88.89
	大伙房水库	100.00
	浑 7 右	100.00
	阿及堡	66.67
	戈布桥	88.89
	台　沟	77.78
	北杂木	88.89

（续表）

地　区	断　　面	达标率(%)
盘锦市	三岔河	88.89
	盘锦兴安	77.78
	胜利塘	77.78
	曙光大桥	88.89
	赵圈河	100.00
入辽河流监测点	辽河公园	77.78
	赵圈河	100.00

(1) 沈阳市共有 12 个监测断面(分别是辽河马虎山、巨流河大桥、红庙子、浑河东陵大桥、砂山、于家房，拉马河拉马桥、细河于台、柳河柳河桥、蒲河兴国桥、三合屯和蒲河沿断面)，2016～2018 年的水质达标率为 66.7%，2019 年的水质同比有所改善，2020 水质标准达标率为 91.67%，污染物的浓度有所下降，水质总体趋好。但仍然有 3 个断面水质情况超过考核目标，分别为辽河马虎山、柳河柳河桥和细河于台断面。

(2) 盘锦市位于辽河最下游，全市共有 5 个监测断面，分别是盘锦兴安断面、曙光大桥断面、胜利塘断面、三岔河断面和赵圈河断面，2020 年 1～9 月，水质达标率相对较高，整体的水质达标率能够达到 70%以上，水质情况相对较好，相比于 2019 年三岔河和盘锦兴安的水质各月份都有了很大的提高，辽河流域盘锦研究区内水环境与水资源综合管理工作成果显著。

(3) 2020 年鞍山市的 5 个监测断面(关门山大桥、口子街、小姐庙、刘家台、牛庄)中，刘家台的水质达标最差。虽然 2020 年 1～9 月刘家台和牛庄断面的水质未完全达到规划水质标准，但达标率均超过 60%，而且小姐庙断面水质实现跨越性提升，1～9 月份水质均达到预期目标。

(4) 抚顺市的监测断面有浑 7 左、浑 7 右、浑 37 左、古楼、大伙房水库、阿及堡、戈布桥、台沟和北杂木。从目前监测结果来看，2020 年 1～9 月抚顺市各断面的情况整体处于良好状态，较 2019 年的水质有了提高；北杂木的水质有了很大提高，无劣Ⅴ类水质；浑 37 左的水质相对较差，浑 37 水质监测点位于大伙房水库的中游地区，其中水质发生变化的月份分别是 7 月、8 月和 9 月，这段时期处于北方河流的汛期，入库河流流量和水质的变化对大伙房水库的水质有所影响，从而导致监测点水质发生变化。

3. 2021 年度水环境监测结果

表 4－3 显示，鞍山市、抚顺市、盘锦市和沈阳市 4 个推广区 2021 年研究区内监测断

面的达标情况为：15 个断面达标率 100%，26 个断面达标率在 70%上。同时所有点位的达标率均高于 60%，最低达标率只有浑 7 左是 60%，相比 2020 年柳河桥、马虎山、北杂木 3 个点位的达标率均低于 60%，2021 年研究区的水质达标情况明显好转。

表 4-3　2021 年研究区内水质断面达标率

地　区	断　　面	达标率(%)
鞍山市	关门山大桥	83.33
	口子街	100
	小姐庙	100
	刘家台	100
	牛　庄	87.50
沈阳市	兴国桥	100
	砂　山	100
	拉马桥	100
	柳河桥	66.67
	马虎山	100
	巨流河大桥	100
	红庙子	100
	于家房	100
	蒲河沿	75
	于　台	100
抚顺市	浑 7 左	60
	浑 37 左	80
	古　楼	87.5
	大伙房水库	100
	浑 7 右	80
	阿及堡	75
	戈布桥	100
	台　沟	87.5
	北杂木	100
盘锦市	盘锦兴安	75
	胜利塘	87.5
	曙光大桥	100
	赵圈河	85.71

(1) 沈阳市共有 10 个监测点位(分别是辽河的马虎山、巨流河大桥、红庙子，浑河的砂山、于家房，拉马河的拉马桥、细河的于台、柳河的柳河桥，蒲河的兴国桥和蒲河沿)，根

据规划水质目标，之前2016～2018年的水质达标率为66.7%，2019年的水质同比有所改善，2020年规划水质标准达标率为91.67%，污染物的浓度有所下降，水质总体趋好。2021年在2020年水质保持良好的基础上，V类和劣V类有所下降，呈现出持续向好的趋势，并且下降非常明显。

（2）2021年鞍山市的5个监测点位（关门山大桥、口子街、小姐庙、刘家台、牛庄）中，关门山大桥和牛庄断面的水质监测整体排名靠后，但达标率也在80%以上，其余水质监测点位水质达标率则为100%。

（3）盘锦市位于辽河最下游，面临城市基础设施建设短板、（雨）污水管网分流不彻底、水稻种植农田退水、支流生态水不足等问题，河流点位水质达标工作压力巨大。全市共有4个监测点位，分别是盘锦兴安点位、曙光大桥点位、胜利塘点位和赵圈河点位，2020年水质达标率相对较高，整体的水质达标率能够达到70%以上，水质情况相对较好，相比于2019年盘锦兴安的水质情况各月份都有了很大地提高。2021年赵圈河水质较差，对农村污水与养殖污染物排入赵圈河致其水质变差的情况，要及时排查，推进农业农村污染治理，防治畜禽养殖污染。

（4）抚顺市的监测点位有浑7左、浑7右、浑37左、古楼、大伙房水库、阿及堡、戈布桥、台沟和北杂木。2021年抚顺市各点位的情况整体处于良好状态，没有任一监测点位出现V类、劣V类水质。

4.1.3.3 项目区的年度水资源监测结果

1. 鞍山市

根据辽宁省水利厅发布的2015～2020年《辽宁省水资源公报》获知，2015～2020年鞍山市的降雨量分别为711.1 mm、800.5 mm、604.5 mm、668.6 mm、707.6 mm和849.7mm，水资源总量分别为17.38亿m^3、24.89亿m^3、17.76亿m^3、19.55亿m^3、20.38亿m^3和31.17亿m^3。鞍山市2016年和2020年降雨量较高，水资源总量也明显高于其他几个年份（图4-3）。

2. 抚顺市

根据辽宁省水利厅发布的2015～2020年《辽宁省水资源公报》获知，2015～2020年抚顺市的降雨量分别为691.1 mm、933.3 mm、638.9 mm、705.6 mm、799.5 mm和934.5mm，水资源总量分别为19.38亿m^3、24.89亿m^3、18.15亿m^3、17.52亿m^3、24.84亿m^3和43.26亿m^3，水资源变化波动明显（图4-4）。

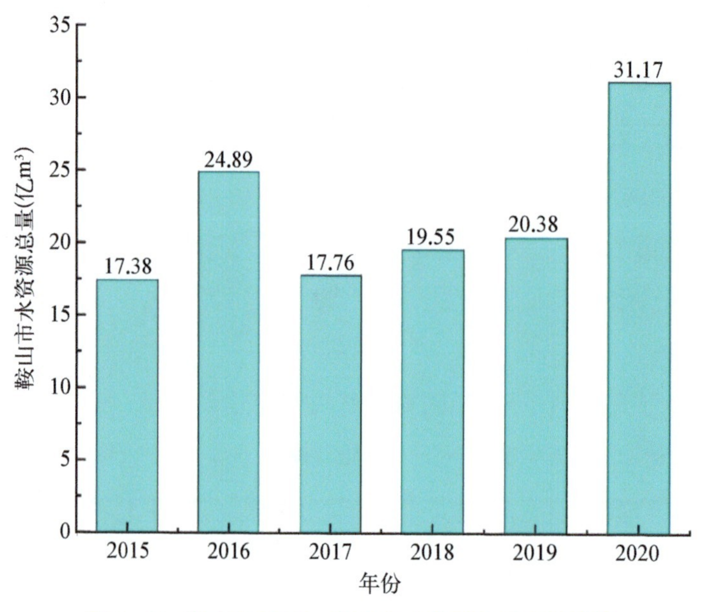

图 4-3　鞍山市 2015～2020 年水资源总量变化情况

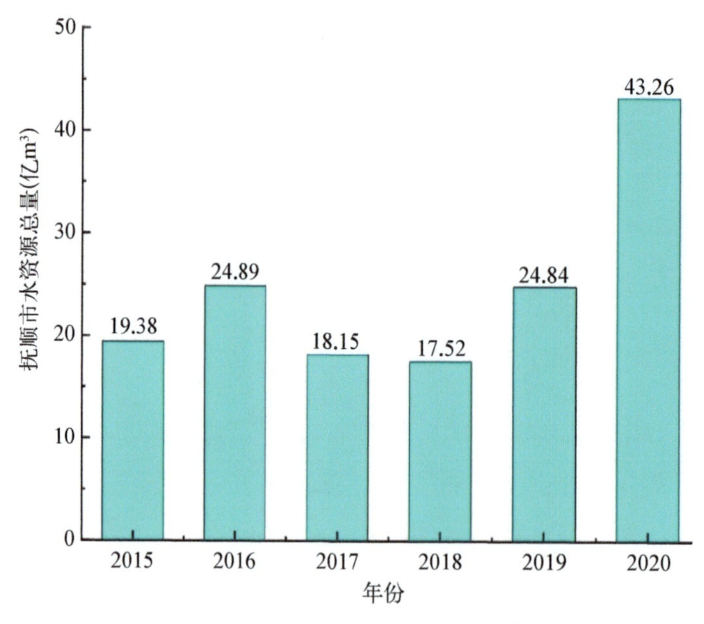

图 4-4　抚顺市 2015～2020 年水资源总量变化情况

3. 盘锦市

根据辽宁省水利厅发布的 2015～2020 年《辽宁省水资源公报》获知，2015～2020 年盘锦市的降雨量分别为 438.8 mm、701.4 mm、443 mm、448.4 mm、741.9 mm 和 544.2mm，水资源总量分别为 1.52 亿 m^3、3.75 亿 m^3、1.87 亿 m^3、2.02 亿 m^3、3.73 亿 m^3 和 2.72 亿 m^3（图 4-5）。

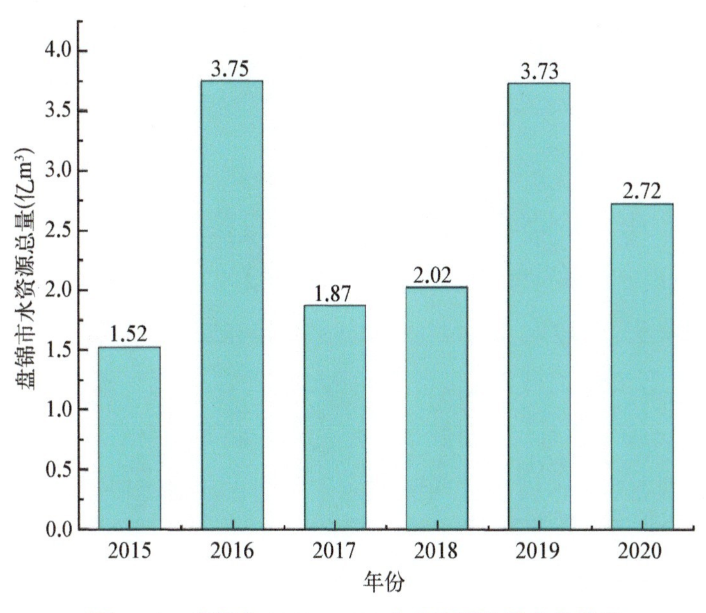

图 4-5　盘锦市 2015～2020 年水资源总量变化情况

4. 沈阳市

根据辽宁省水利厅发布的 2015～2020 年《辽宁省水资源公报》获知，2015～2020 年沈阳市的降雨量分别为 440.7 mm、763.0 mm、423.0 mm、448.2 mm、759.0 mm 和 658.1 mm，水资源总量分别为 15.13 亿 m^3、32.43 亿 m^3、14.46 亿 m^3、13.24 亿 m^3、30.49 亿 m^3 和 27.00 亿 m^3（图 4-6）。

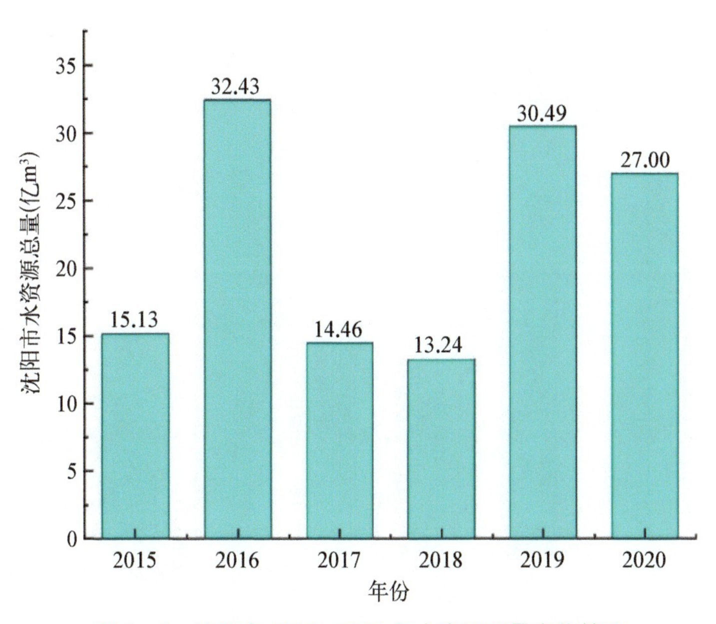

图 4-6　沈阳市 2015～2020 年水资源总量变化情况

4.1.4 ET/EC 监测结果、地方管理效果评估及具体措施建议

4.1.4.1 ET/EC 综合监测结果分析

基于熵值权重的 TOPSIS 评价方法的具体评估过程是先采用熵值法确定指标数据的权重，然后确定正理想解和负理想解及其距离，最后以相对接近度表示推广区水资源水环境综合管理效果。ET/EC 综合监测的 TOPSIS 评估结果显示(图 4－7～4－10)，推广区的鞍山市、抚顺市、盘锦市和沈阳市 4 个城市在 2017～2020 年的相对接近度有所变动，说明推广区的水资源水环境管理效果具有一定波动；受到自然环境因素的影响，在不同年份推广区的管理效果不同，一些年份的水资源与水环境管理效果较好。鞍山市、抚

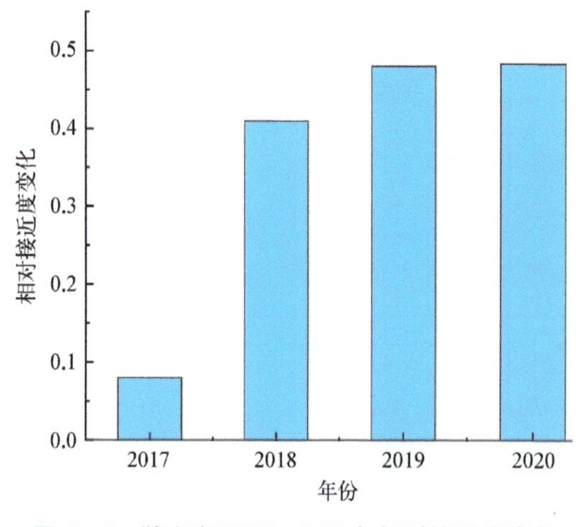

图 4－7 鞍山市 2017～2020 年相对接近度变化

0.8
0.7
0.6
0.5
0.4
0.3
0.2
0.1
0.0
相对接近度变化
2017
2018
2019
2020
年份

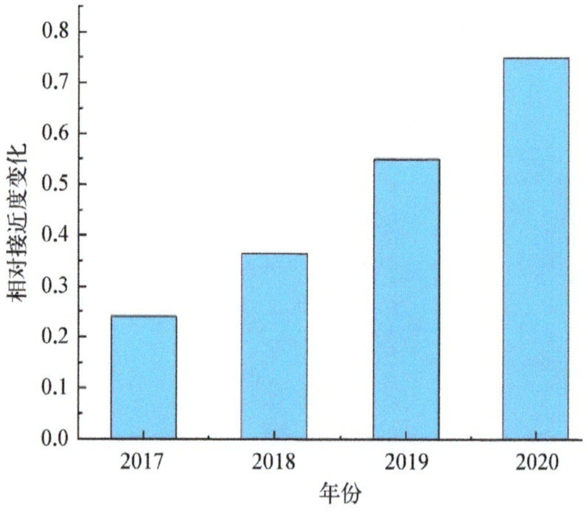

图 4－8 抚顺市 2017～2020 年相对接近度变化

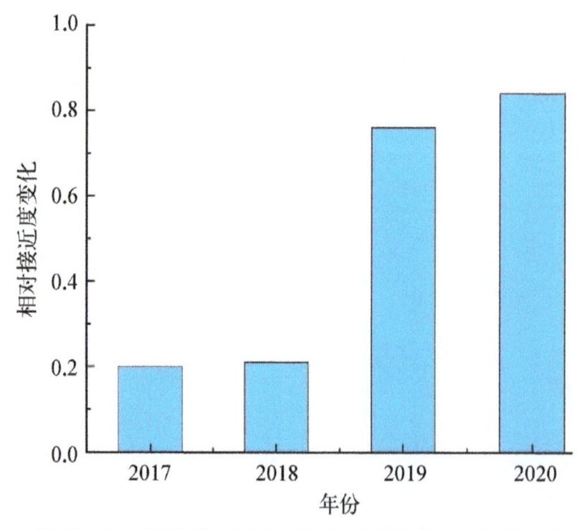

图 4－9 盘锦市 2017～2020 年相对接近度变化

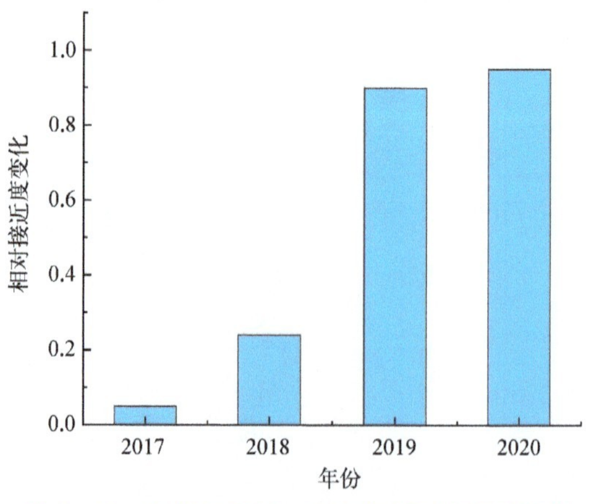

图 4－10 沈阳市 2015～2020 年相对接近度变化

顺市、盘锦市和沈阳市 2017～2019 年水资源与水环境管理的效果显著提升，这说明在推广区内的 4 个城市地表水的治理显现出一定成效。其中盘锦市和沈阳市的治理效果最为明显，在 2018～2019 年度提高显著。

4.1.4.2 地方管理效果评估分析

1. 沈阳市综合管理成效评估分析

2021 年“十三五”期间沈阳市水环境质量综合指数改善了 28.99%，超额完成“十三五”水污染防治任务目标，形成了全市上下水环境治理保护共建、共治、共享的工作格局，水环境质量明显改善，生态环境质量不断提升。沈阳市浑河水域环境得到改善，迎来了近千只水鸟“做客”。2021 年 4 月 12 日，《沈阳生态环境》报道，沈阳市发布的 2021 年 3 月集中式生活饮用水水源水质状况报告表明，地下水水源根据《地下水质量标准》(GB/T 14848—2017)Ⅲ类水质标准，采用单因子评价法进行评价，沈阳市集中式生活饮用水水源监测水量 904.48 万 t，其中达标水量 904.48 万 t，达标率 100%。

根据沈阳市政府公布，截至 2020 年底沈阳市省考以上河流断面累计均值首次实现全部达标且消除劣Ⅴ类水质，重点支流河白塔堡河曹仲屯断面持续达标，实现了历史性突破。沈阳市水环境质量综合指数较 2018 年和 2019 年分别改善了 28.99%、13.57%，达到历史最好水平。同时，根据 12 月份水质监测初审结果，沈阳市省考以上河流断面水质全部达标。在重点考核断面中，沈阳市列入省“双 20”重点管控的细河于台等 4 个断面，经过攻坚已全部达标。其中，细河于台消除了多年的劣Ⅴ类水质，北沙河东羊角断面从 2019 年的劣Ⅴ类水质提升到Ⅳ类，浑河于家房断面从Ⅴ类提升到Ⅳ类，兴国桥、东陵大桥、砂山和拉马桥 4 个断面达到Ⅲ类以上优良水体标准，浑河城市段治理被生态环境部列为全国环保督察整改典型案例。

积极推进国家黑臭水体治理示范城市建设，实施运河水系提升改造工程，巩固提升黑臭水体治理成果，黑臭水体整治工作向农村地区延伸，城乡人居环境不断改善；新增辽河干流沈阳段生态封育 42.9 万亩，完成 72 个行政村的农村环境综合整治和落实禁养区内养殖场户关闭搬迁工作。

随着创新 ET/EC 水环境管理工作体系、多措并举治理重污染河流、建立水污染防治长效工作机制等工作的开展，沈阳市水体达标工作取得了历史性突破，完成了“十三五”水污染防治任务目标，为建设国家中心城市奠定坚实环境基础，为沈城“清水绿岸、鱼翔浅底”的优美环境做出新的更大贡献。

2. 盘锦市综合管理成效评估分析

2021年盘锦市生态环境局公告指出，2020年盘锦市如期高质量完成了“十三五”水质考核目标，首次实现年度全面达标，水环境质量改善排名名列全国地级以上城市中第21名。

在ET/EC的综合管理下，盘锦市克服了流域下游水资源供给不足、水环境承载力有限等不利因素，坚决扛起推动水资源保护、水污染防治、水环境改善、水生态修复的重大责任，进一步强化流域水污染治理攻坚战，使断面水环境质量得到显著改善。省考核断面全面消除了劣Ⅴ类水体，市考核断面水质综合指数下降23.6%。盘锦市4个县区共12个考核断面，全年均值达标率66.7%，同比提升55.6%；5项水质综合指数同比降低23.6%；化学需氧量、生化需氧量、氨氮、总磷和高锰酸盐指数指标浓度分别同比改善17.8%、22.2%、26.1%、35.9%、16.9%。

“十三五”期间，盘锦市按照“保好水、治差水、增生态用水”的目标，进一步统筹水资源、水生态、水环境治理，全市上下共顾全局、共谋全策、共尽全力，国家考核和省考核断面水质全面消除劣Ⅴ类，并圆满完成了“水十条”及“攻坚战”的各项考核指标，工作取得了突破性进展，为盘锦市推进生态环境发展建设筑牢了基础。同时，盘锦流域生态修复中河流封育面积达9.1万亩，沿河生态廊道全面畅通。

3. 鞍山市综合管理成效评估分析

2021年1月6日，鞍山市的政府工作报告指出，鞍山市的水环境质量取得历史性突破，完成了南沙河综合整治环保工程，12个国、省控断面水质首次全部实现高质量达标，水环境改善幅度居全国第17位。鞍山市是一个严重缺水的城市，几乎所有生产、生活用水都来自于域外供给。鞍山市每年2亿多吨生产、生活用水所产生的又黑又臭的污水约1.6亿吨。

4. 抚顺市综合管理成效评估分析

2021年，抚顺市在水资源、水环境、水生态综合管理的创新理念下取得较大管理成效，已完成抚西河污水收集工程和清淤固堤工程建设，新建5.4 km截污管网，建设了日处理200吨生活污水的处理站。同时，加强对上游企业的环境监管，取缔违法违规排污口，压实了属地政府的生态环境保护主体责任。

近年来，抚顺市着力打好碧水保卫战，大力推动断面水质达标，深化工业废水治理，狠抓城乡污水处理，水环境质量持续改善，完成了抚西河等4条重污染河流消劣任务，阿及堡等9个国家考核断面全面达标，大伙房水源地水质稳定保持地表水Ⅱ类标准，浑河干流葛布桥断面水质连续两年保持地表水Ⅲ类标准，在全省地市地表水水质排名中连续2年位居第三位。另外，抚顺市多措并举，精准治污，投资1.1亿元进行东泽污水处理厂升级改造工程，聚焦解决群众反映突出问题，已经完成了全市22条黑臭水体的整治工作。

4.1.4.3　存在问题与具体措施建议

1. 沈阳市

(1) 存在问题

① 于台附近多个污水处理厂尾水不达标，不能作为水资源投入使用。

② 马虎山周围地区存在农村生活、农业种植、畜禽养殖等面源污染。

③ 柳河桥畜禽粪便污染河道。

④ 河流季节性缺水及断流问题。

⑤ 沿河乱扔垃圾，导致河道垃圾、排污口垃圾等问题。

⑥ 城区排水系统中存在部分排水泵站进出水管道管径不足、老化破损严重，排水管网覆盖不足、支线缺失，以及泵站和管网缺乏清淘疏通等问题。

⑦ 黑土区侵蚀沟治理问题。

⑧ 建成区污水直排及溢流问题明显。污水直排及溢流情况在于蒲河沈北新区段、蒲河于洪段(小浑河)、白塔堡河浑南区段、北沙河苏家屯区段出现频率较高。

⑨ 工业污染防控仍需加强。目前，沈阳经济技术开发区、沈北工业园区、大东欧盟园等主要工业园区以及法库、新民、康平、辽中近海等工业园区均具备工业废水收集处理能力，且均已纳入日常监管，但仍存在部分污水管网尚未覆盖或未汇入污水处理厂的工业企业，而是直接排放的情况。

(2) 措施建议

① 面对河流季节性缺水及断流问题，需要制定年度河湖生态补水方案，积极开展河流生态补水工作，缓解河流季节性缺水及断流问题，巩固沈阳市河流景观化、生态化建设成果，改善水环境质量。

② 对于河道垃圾、排污口垃圾等问题，需要认真落实河长制工作，开展河湖“清四乱”专项行动。重点检查沈河区、大东区、浑南区、辽中区、沈北新区5个地区，进行整改；组织开展河湖垃圾清理。开展城市精细化管理专项行动，有针对性地对9个城区河湖精细化管理落实情况进行检查，发现问题，及时清理沿河垃圾等。

③ 目前，面对沈阳市城区排水系统存在的部分排水泵站进出水管道管径不足、老化

破损严重，排水管网覆盖不足、支线缺失，以及泵站和管网缺乏清淘疏通等问题，政府应加快建设污水收集处理设施，积极开展配套截污管线工程建设。

④ 对于黑土区侵蚀沟治理问题，要加紧开展小流域治理工程。

⑤ 对于于台附近多个污水处理厂尾水不达标，不能作为水资源投入使用的问题，部分处理厂已提标改造，进入调试。

⑥ 针对马虎山等农村生活、农业种植、畜禽养殖等方面的面源污染，铺设管网开展农村污水治理。

⑦ 针对柳河桥畜禽粪便污染河道问题，组织各地区完成各类排放口的排查溯源。

⑧ 补齐城市污水集中收集处理短板，消灭污水直排。持续围绕“厂、站、网、控、安、运”6个方面推进治污工程建设。其中，重点针对蒲河沈北新区段、东部水系、苏家屯区北沙河、白塔堡河及细河等流域，开展污水处理厂及截污管线工程建设。同时，加强北部、西部、南部等主要汇水区污水“联调联动”，完成主干管衔接，全面提升全市污水处理运行可靠性水平。

⑨ 持续强化工业企业排污管控，确保达标排放。以化工、制药、石化、电镀、锅炉等行业为重点，强化工业企业排污治理，推进水质监控手段升级，确保达标排放。加强工业集聚区污水收集处理系统监控体系建设，探索建立排污跟踪溯源制度，完善配套监控手段，严防非法排污行为。

2. 盘锦市

（1）存在问题

① 水环境污染形势严峻。

② 污水管网设施建设水平及处理效率有待提高。

③ 环境执法监管力度、机制与水平有待完善和提升。

④ 盘锦市2021年各行业总耗水与生态环境耗水增加，降雨量却减少。

⑤ 农村污水与养殖污染物排入赵圈河致其水质变差，导致辽河赵圈河控制单元断面水质不能稳定达标；由于生态流量不足，河流水生态系统脆弱，水体自净能力不足。缺乏水生态监测数据和全面有效的水生态改善措施。

⑥ 辽河兴安控制单元：考核断面水质不能稳定达标。

⑦ 辽河曙光大桥控制单元：考核断面水质不能稳定达标；水资源短缺导致生态流量不足，河流水生态系统受损严重，水体自净能力不足。

（2）措施建议

盘锦市地处“九河下梢”，位于辽河、大辽河及凌河三大河流下游，水环境质量达标压力巨大。

① 面对严峻的水环境污染形势，建议盘锦市聚焦重点区域、重点河段、重大问题，科学研究分析水质超标原因，同时按照“一河一策”要求，建立问题台账，制定切实可行的整改方案，全力推进水生态文明建设。盘锦市应当“查、测、溯、治”，开展全市主要河流沿河徒步巡查，全力摸清污染源和污染原因，并制定各级干支流河的水质监测方案。溯源查找病根，推进排污口规范整治，积极解决所有涉水环境问题。

② 同时，盘锦市应全力推行污水管网应建必建，全面启动新建污水处理设施，强化119个农村小型污水处理厂稳定运行，加快推进工业园区污水处理厂改造建设及运行。此外，盘锦市还应立足已查实的涉水环境问题，动态筹备水污染防治项目，加大地方政府投入，助力水污染防治项目尽快落地，发挥效益。

③ 在持续不断的碧水保卫战中，盘锦市应切实强化环境执法监管，建立完善的市级抽查巡查、县区监管、企业负责的环境监管执法机制。全市加大突击检查、夜查监督的检查力度；加大断面水质超标补偿力度，每月通报水环境质量状况；发挥舆论监督作用，推动地方政府环境质量主体责任落实和涉水环境问题得到及时有效解决。

④ 面对盘锦市2021年各行业总耗水与生态环境耗水增加、降雨量却减少的问题，优化水资源供给，合理配置水资源。

⑤ 对农村污水与养殖污染物排入赵圈河致其水质变差的情况，要及时排查，推进农业农村污染治理，防治畜禽养殖污染。建设畜禽粪污收集中心，建设散养畜禽粪污移动箱，完善相应运输车辆设备，提高畜禽养殖粪污的资源化利用和污染治理设施水平。

⑥ 保障生态环境用水。实施农村水系河塘整治工程，确保农业灌溉、养殖用水水质安全，保证农业清洁生产和农民生活水源。水利工程与生态工程并举，最大限度地实现清洁水面、丰沛水量和提升水质的目标。

⑦ 城镇生活源治理。推进污水治理工程，扩建城市污水处理厂，解决现有污水处理厂满负荷运行问题；增加城郊无管网地区小型污水处理设施建设；推进城市管网和提升泵站改造，最大程度避免污水随暴雨直排入河。在大洼区范围内全面实施“厕所革命”，进行农村户厕所改造，完善村污水收集建设项目，减少居民生活污水直排导致污染物入河。

⑧ 农业退水水质提升。落实农药化肥减量化工作，提升农村生活污染治理水平。通过实施精准测报、精准施药、优化农药使用结构、实施化学农药替代、推行专业化统防统治与绿色防控融合发展等措施，减少农田用药概率，降低水系污染概率。同时，抓好测土配方施肥和耕地质量保护与提升工作；积极探索有机养分资源利用的有效模式，加大支

持力度，鼓励农民增施有机肥，降低种植业对河流水质的影响。

⑨ 推动实施“现场排查-水质采样-执法检查”联动的支流河排查制度。通过制定《盘锦市干支流断面水质保达标加密监测方案》，采取现场定期排查、发现问题、采样分析、执法检查的模式，将发现的涉水问题函告相关县区，并责令限期整改。

⑩ 严格监管排水口。根据省生态环境厅关于“落实全省入河排水口调查工作”相关部署，全面落实盘锦市入河排水口排查工作。重点监管曙光大桥断面上游3座城市污水处理厂、3个省级以上工业园区污水处理设施、鼎翔临时污水处理设施，以及盘山县、兴隆台区和双台子区重点涉水企业达标排放。

3. 鞍山市

(1) 存在问题

① “乱占”问题（围垦湖泊；未依法经省级以上人民政府批准围垦河道；非法侵占水域、滩地；种植阻碍行洪的林木及高秆作物）、“乱采”问题（未经许可在河道管理范围内采砂，不按许可要求采砂，在禁采区、禁采期采砂；未经批准在河道管理范围内取土）、“乱堆”问题（河湖管理范围内乱扔乱堆垃圾；倾倒、填埋、贮存、堆放固体废物；弃置、堆放阻碍行洪的物体）、“乱建”问题（水域岸线长期占而不用、多占少用、滥占滥用；未经许可和不按许可要求建设涉河项目；河道管理范围内修建阻碍行洪的建筑物、构筑物）。

② 连年干旱，造成地下水下降严重，致使部分农村饮水工程出现保证率下降问题，特别是东部山区及城市周边漏斗区问题尤为突出，急需解决。

③ 鞍山牛庄的沿河畜禽养殖粪污染及生活垃圾污染严重。

④ 大麦科湿地水体富营养化显著，同时台安县污水厂排放污水汇入小柳河后停留在柳河桥之上，下游出现断流现象，使得大麦科湿地蓄水不足。

(2) 措施建议

① 鞍山市正在面临“乱占”“乱采”“乱堆”和“乱建”问题。需要进一步压实各级河长和相关部门责任，扎实推进河湖“清四乱”常态化、规范化，进一步加强河湖管理与保护，持续改善河湖面貌。还需要积极开展汛后河道垃圾清理专项行动，营造整洁优美的河道水环境；严格落实河长制，彻底清查“四乱”问题。

② 鞍山市“十三五”期间需要规划建设农村饮水安全巩固提升工程。为全面完成“十三五”饮水规划，一方面需要积极向上争取省以上资金扶持；另一方面建议市县两级政府加大对农村饮水巩固提升工程建设资金投入力度，还建议市县两级财政每年安排必要的农村饮水维修养护资金，确保工程长久发挥效益。为提高部分饮水工程保证率，建议城

市周边地区纳入城市供水管网，实行城乡供水一体化；对东部山区建议采取并网或打深井方式解决。

③ 鞍山牛庄的沿河畜禽养殖粪污染及生活垃圾污染严重，应及时清理整治辖区内各类涉河垃圾。

④ 针对大麦科湿地水体富营养化显著的情况以及河流断流致使大麦科湿地蓄水不足的问题，开展大麦科湿地修复和建设，退耕恢复湿地面积。

4. 抚顺市

(1) 存在问题

① 2021 年，抚顺市某些河道存在违法行为，河段垃圾排放严重，影响抚顺水环境、水生态的问题。

② 非法捕鱼行为。

③ 涉水违法行为。

④ 抚顺浑河污水和养殖污染排入浑河影响阿及堡控制单元水质。

⑤ 水体水环境质量差：污水管网和泵站偶有破损现象发生；冬季污水处理厂因低温处理效果差、污染收纳量较大时会发生溢流；大伙房水库营养状态级为中营养、总氮超标，与农业面源污染、水土流失和水文特性等有关。

⑥ 水资源供需不平衡：随着经济社会用水量不断增长，水资源过度开发问题十分突出，水资源开发利用程度超出了部分地区承载能力。

⑦ 水环境隐患较多：部分化工、石化项目布设在河流沿岸，水污染突发环境事件频发；上游支流中李石河存在市政污水直排问题、古城河沿岸有 2 处排放口水质超标。

⑧ 水生态受损严重：湿地、河滨等自然生态空间不断减少，湿地面积近年来逐渐减少，自然岸线保有率大幅降低。

(2) 措施建议

① 建议综合执法队开展春季河道卫生及涉水违法行为巡查，及时巡查发现非法采砂、非法捕鱼行为，并对现场违法人员进行宣传、教育。针对河段垃圾排放严重的问题，应对辖区内主河道、小流域开展春季河道垃圾乱倾乱倒、涉水违法行为专项治理。若在巡查中发现往河道倾倒和堆放生活、建筑垃圾等违法行为，应及时予以纠正，并向涉事人员进行宣传、教育。

② 水利事业综合执法队分成两个小组，对浑、清、柴、柳河道、小流域巡查中发现多起非法捕鱼等违法行为。建议工作人员现场对违法人员进行宣传、教育，并对出现河道违

法行为的重点区域采取不定时、不定期、接受举报与巡查相结合的工作方式。

③ 春季是涉水违法行为的高峰期，执法队应全员行动，加强对主河道、小流域的巡查，发现违法行为后采取以宣传教育为主、行政处罚为辅的工作方法，坚决遏制河道违法行为。加大生态系统保护力度，切实加强渔政管理工作，落实禁渔区、禁渔期制度，养护水生生物资源，保护水域生态环境，严厉打击非法捕捞行为，努力形成人与自然和谐发展的新格局。

④ 面对浑河污水和养殖污染排入浑河影响阿及堡控制单元水质的问题，要加强部门执法力度，规范并加强排水许可管理。

⑤ 污染源管控：有效防治点源污染，从根本上消除流域内工业点源污染问题，实施生活污水治理工程及工业点源污染防治工程；整治畜禽养殖业污染、种植业化肥及农药污染、农村生活污染，实施畜禽养殖污染治理及村镇生活垃圾治理工程，削减农业面源污染。

⑥ 节约水资源：大力发展农业节水，高标准地实施工业节水，广泛推行生活节水。完善服务“三农”的农田灌溉和农村生活供水体系。根据水资源的承载能力，逐步引导和调整产业布局和经济结构。加强水资源调度管理能力建设，制定特殊干旱期和污染突发事件的应急对策。

⑦ 排污口规范化建设：按照省厅要求，加强对排污口的检查，对排污口进行规范化建设，设置监控、监测等设施。

4.1.5 基于 ET/EC 的辽河流域典型小流域综合管理分析

蒲河发源于铁岭横道河子想儿山，是沈阳内河道长度最长、流域面积最大的中型河流，沈阳城市的扩展和开发区的建设，使得蒲河流域内土地利用结构发生了显著变化，流域内水资源短缺、水质污染等问题尤为突出。蒲河因受自然条件变化和人为污染因素的影响，其水环境在 2009 年之前总体处于严重污染状态，上游断水，下游排水，导致蒲河几乎成为排水沟，水质恶化形势严峻。蒲河水量受人工调控的程度较高，仅在农灌季节上游大伙房水库放水及汛期径流量较大，平时径流量很小，水环境容量小，水环境脆弱。因此，选取蒲河流域为典型小流域进行多年水环境监测状况分析，及土地利用变化与水环境变化关系的研究。

4.1.5.1 基于耗水平衡理论的流域水资源分析

结合 GEF 主流化项目相关子课题研究成果，定义蒲河流域目标 ET 计算如下：

$$ET=(P+I)-ET_n-Max(目标 EC,ES)$$

式中,ET 即为目标 ET,流域人类活动允许消耗的最大水资源量,P 为流域年平均降水量,I 为入境流量,ET_n为流域不可控自然耗水量,本研究定义即为蒸散量,Max(目标 EC,ES)为满足环境容量和河道生态水量的目标耗水量。

在目标 ET 的计算中,目标 EC 与 ES 有重叠部分,即维护水生生态系统的生态基流与环境容量之间有重叠,取两者的最大值作为生态流量与环境容量目标。分析蒲河流域现状可知,蒲河流域水质较差,不同污染物浓度超过Ⅳ类水质标准的环境容量,因而取满足不同水质目标下的环境容量作为 Max(目标 EC,ES),既可满足环境容量又能保障生态流量。

流域耗水情况能够反映出地区的水资源状况。结合相关子课题的定义,蒲河流域耗水平衡计算方式如下:

$$P+I-ET_{lif}-ET_{ind}-ET_n=Q$$

式中,P 为流域年平均降水量,I 为入境流量,ET_n为流域不可控自然耗水量,ET_{lif}为流域内生活耗水量,ET_{ind}为流域内工业耗水量,Q 为出境水量。

按照Ⅳ类水质目标,计算得出蒲河流域目标 ET 为 0.64 亿 m^3,小于目前流域内工业及生活耗水量总和,说明流域现状可控耗水量大于目标 ET。

4.1.5.2 蒲河流域土地利用变化分析

研究综合分析了沈阳市 2018 年土地利用状况,采用实地监测数据与资料数据,通过相关分析、逐步多元回归分析等综合评估影响区域水质的土地利用等因素。

2018 年蒲河流域各监测点位的土地利用类型占比如图 4-11 所示。当缓冲半径为 500 m 时,耕地几乎在所有监测点位都占很大比例。缓冲半径为 1 000 m 时,耕地仍然在所有监测点位都占很大比例;水域则在赵家套桥、蒲河南桥、马三家子、蒲河沿附近占较大比例。缓冲半径为 2 000 m 时,各点位除了耕地占比较高外,城乡、工矿、居民地也在很多监测点附近占比很高。缓冲半径为 5 000 m 时,各监测点附近的城乡、工矿、居民地比例进一步提高。

4.1.5.3 蒲河流域水环境与土地利用的 Pearson 分析

从图 4-11 看出,水环境中的 N、P 污染物与土地利用紧密相关。NH_3-N 与 TP、BOD 与 COD 在所有缓冲距离中均呈现正相关。另外,缓冲距离 500 m 时,未利用土地

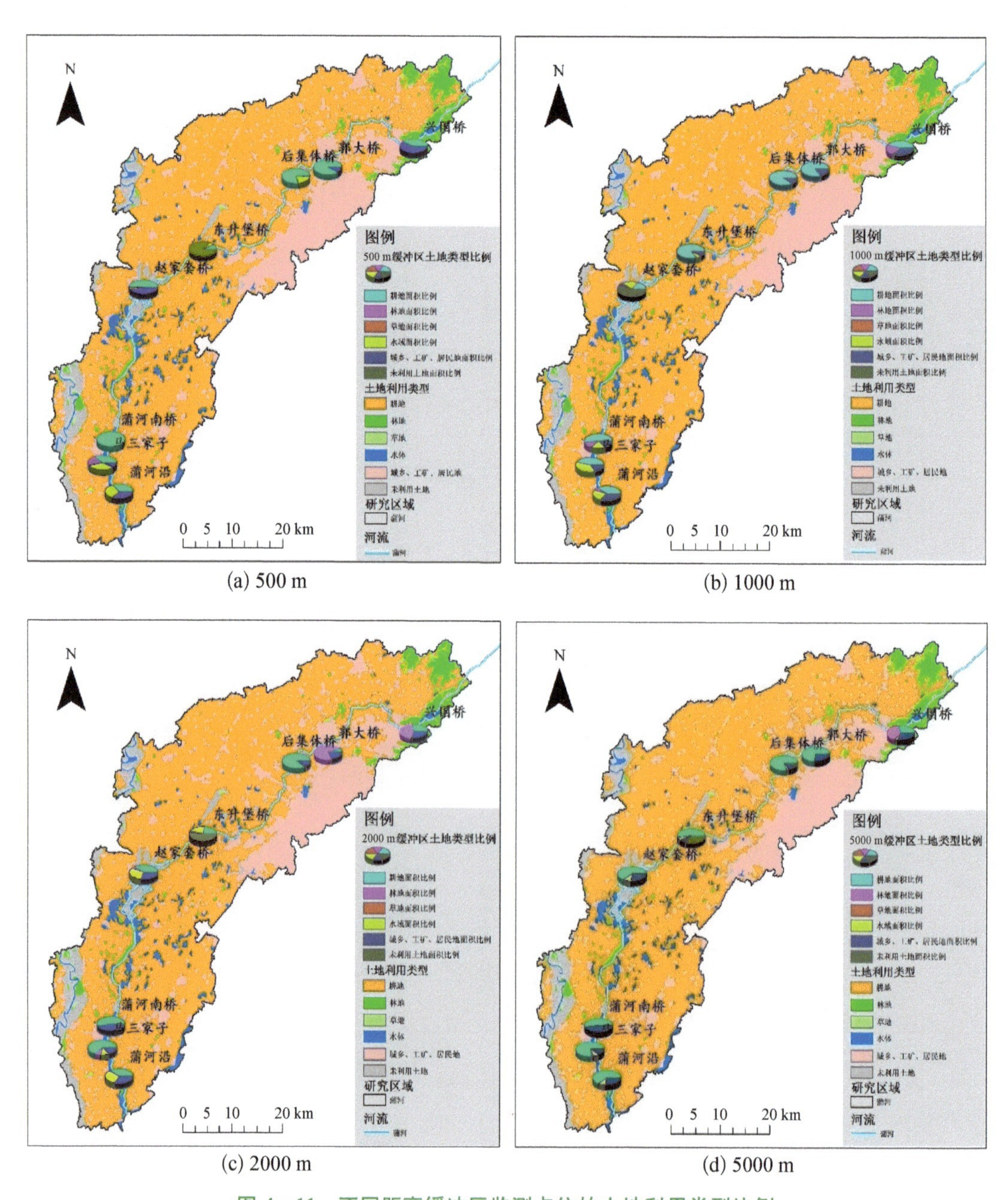

(a) 500 m　　(b) 1000 m

(c) 2000 m　　(d) 5000 m

图 4-11　不同距离缓冲区监测点位的土地利用类型比例

面积比例与 TP 在置信度 0.05 时呈负相关。缓冲距离 2 000 m 时，NH_3-N 与耕地面积比例呈正相关，可能是由于农耕施用氨肥、氮肥的原因。缓冲距离 5 000 m 时，草地面积比例与 TP 在置信度 0.05 时呈负相关，这是因为不同植被覆盖对磷的吸收有明显差异，发达的根系有利于磷的吸收，有根毛的根吸收磷的量比无根毛的多 4～5 倍，因此，草地越多越茂密时，水土中含磷量越少。

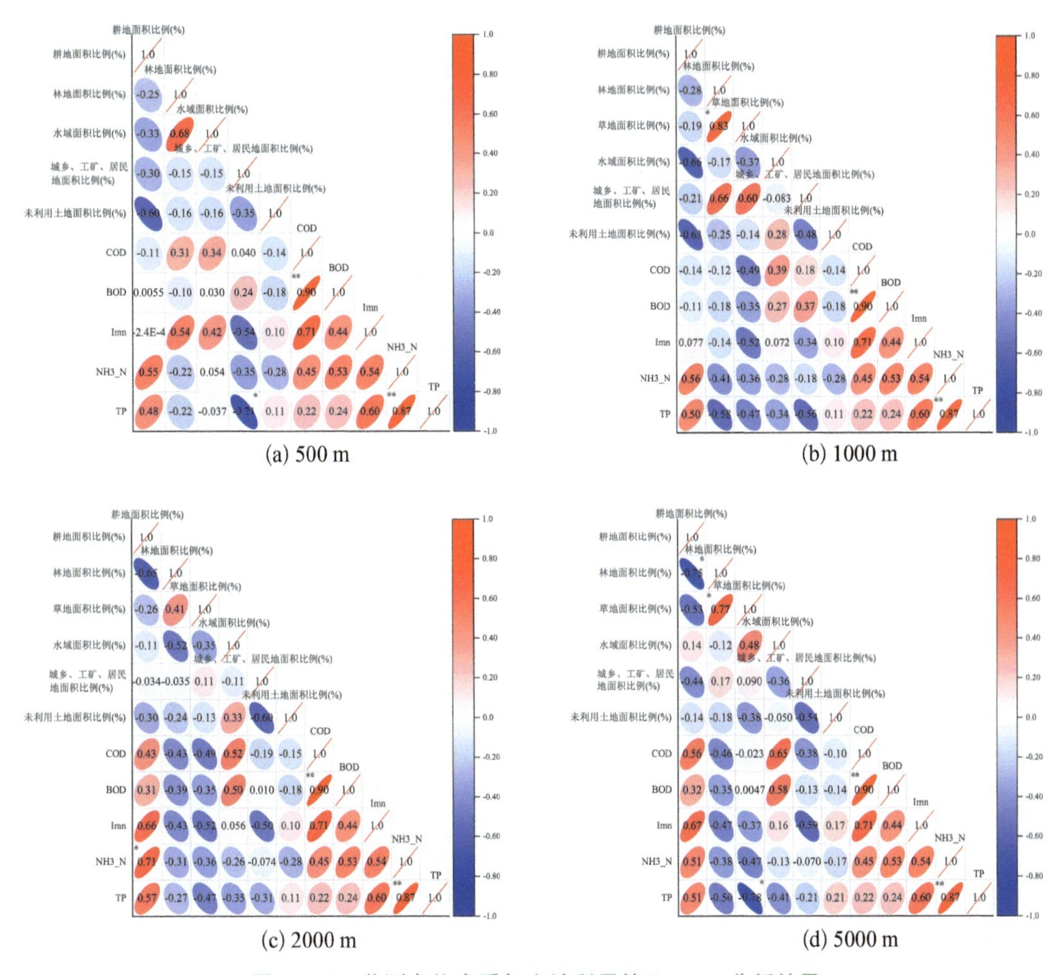

图 4-12　监测点位水质与土地利用的 Pearson 分析结果

注:"*"表示 $P<0.05$;"**"表示 $P<0.01$;"***"表示 $P<0.001$。

4.1.5.4　蒲河流域水环境与土地利用变化的多元逐步回归分析

通过表 4-4 的多元逐步回归模型结果可知,人类干扰造成的土地利用分布对水环境影响较大。缓冲距离为 1 000 m 时,COD 与 BOD 均与草地面积比例呈负相关,与城乡、工矿、居民地面积比例呈正相关,这说明它们随着人类活动干扰的增加而增加;COD 在 5 000 m 的缓冲距离下还与水域面积比例呈正相关。TP 在 1 000 m 的缓冲距离下与耕地面积比例和未利用土地面积比例均呈正相关,这是由于耕作活动施加较多磷肥改变了局部 P 含量;其在 5 000 m 的缓冲距离下还与林地、水域的面积比例呈正相关,却与草地面积比例和未利用土地面积比例均呈负相关。在缓冲距离为 2 000 m 时,I_{Mn}和 NH_3-N 均与耕地面积比例呈正相关;而且 5 000 m 的缓冲距离下 I_{Mn}依然与耕地面积比例呈正相关，同样是农耕施肥所致；而 NH_3-N 与林地、水域的面积比例呈正相关，却与草地面积比例和未利用土地面积比例均呈负相关，这是由于草地对氮的吸收效力造成的。

表 4-4　土地利用类型面积比例与水质指标浓度的相关性

缓冲距离	水质指标	多元逐步回归模型	R^2	调整后 R^2	P
1 000 m	COD	−37.240×草地+1.389×居民地+20.991	0.693	0.457	0.068*
	BOD	−13.388×草地+0.639×居民地−0.201	0.652	0.536	0.042**
	TP	0.014×耕地+0.014×未利用−0.399	0.562	0.416	0.084*
2 000 m	I_{Mn}	0.098×耕地+3.568	0.431	0.336	0.077*
	NH_3-N	0.073×耕地−0.661	0.511	0.429	0.046**
5 000 m	COD	3.120×水域+22.962	0.648	0.420	0.082*
	I_{Mn}	0.155×耕地−1.678	0.446	0.354	0.070*
	NH_3-N	0.791×林地−98.039×草地+1.718×水域−0.304×未利用	0.967	0.935	0.039**
	TP	0.086×林地−11.333×草地+0.172×水域−0.026×未利用	0.922	0.819	0.051*

注：表中的某种土地利用类型指该土地类型在对应缓冲距离内的面积所占比例，如“草地”指“草地面积所占比例(%)”；*为 $P<0.1$，**为 $P<0.05$。

从表 4-5 可以看出，2019 年相对于 2018 年多个监测点位的水质类别有改善，例如，后集体桥、赵家套桥、蒲河沿点位，可能是针对各种农业水体污染、河道污染、垃圾废水等的治理措施初现成效；但是其中马三家子点位水质变差，可能是当地管理措施不到位的原因，使得水体水质得不到改善。

表 4-5　2018～2019 年各监测点位的污染物含量与水质类别

监测点位	年份	COD	BOD	I_{Mn}	NH_3-N	TP	水质类别
兴国桥	2019	14	2.4	3.6	0.13	0.07	Ⅱ
	2018	14	2.1	2.9	0.15	0.04	Ⅱ
蒲河南桥	2019	37	9.5	7.7	1.18	0.71	劣Ⅴ
	2018	78	25.9	9.6	3.52	0.38	劣Ⅴ
郭大桥	2019	31	4.9	8.6	4.9	0.41	劣Ⅴ
	2018	23	4.5	6.7	3.24	0.68	劣Ⅴ
马三家子	2019	53	8.7	9.9	3.21	0.34	劣Ⅴ
	2018	33	7.9	3.1	1	0.12	Ⅴ

（续表）

监测点位	年份	COD	BOD	I_{Mn}	NH_3-N	TP	水质类别
后集体桥	2019	30	4.7	7.7	1.37	0.24	Ⅳ
	2018	28	4.6	5.8	1.84	0.5	劣Ⅴ
东升堡桥	2019	45	8.5	11.9	2.36	0.39	劣Ⅴ
	2018	52	14.3	12.3	8.13	1.23	劣Ⅴ
赵家套桥	2019	34	5.1	8.2	0.31	0.27	Ⅴ
	2018	32	5.4	8.7	0.62	0.58	劣Ⅴ
蒲河沿	2019	39	5.6	9.2	0.56	0.14	Ⅴ
	2018	54	6.4	12.8	1.06	0.3	劣Ⅴ

蒲河沿在2020年各监测点位的水质比2019年明显变好，多个劣Ⅴ类的监测点位全部消失。这是因为持续围绕“厂、站、网、控、安、运”6个方面推进治污工程建设。其中，重点针对蒲河沈北新区段、东部水系、苏家屯区北沙河、白塔堡河及细河等流域，开展污水处理厂及截污管线工程建设。同时，加强北部、西部、南部等主要汇水区污水“联调联动”，完成了主干管衔接，全面提升了全市污水处理运行可靠性水平。但是兴国桥2020年出现了2019年没有出现的Ⅲ类水体，水质变差。如图4－13所示，蒲河沿2021年比2020年的Ⅴ类水体减少，但是劣Ⅴ类水体还是增加，水质变化情况出现反复，所以还需要深入持续的水环境治理。另外，2021年蒲河沿与兴国桥的化学需氧量、生化需氧量指标比2020年也有所降低。兴国桥2021年比2020年Ⅲ类水体明显减少，水质明显提升（图4－14）。

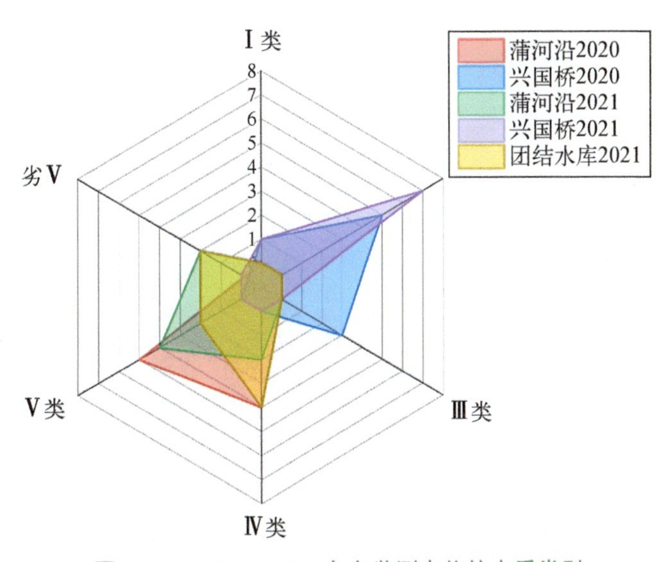

图4－13　2020～2021年各监测点位的水质类别

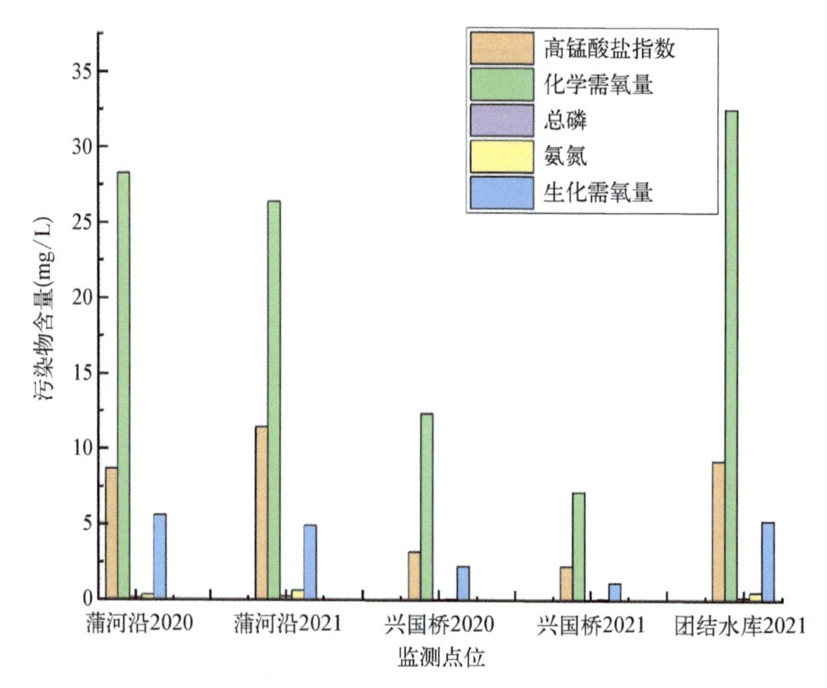

图 4-14　2020～2021 年各监测点位的污染物含量

总之，流域污染治理分析结果显示，流域内主要问题包括污水处理设施不完善、污水处理负荷率整体偏低、污水排放标准有待提高等。流域中的畜禽养殖污染需要重点关注，规模化养殖场应加强畜禽粪便的处理，达标后再排放。工业污染物治理也需持续关注。

4.1.6　核心结论

本课题根据研究区水系分布，在辽河流域各级水系划分控制单元，设置水质监测点位，开展水质常规监测，构建流域水环境监测体系，实现水环境精细化管理。项目通过分析研究区各类水体数量与比例的逐年变化情况，开展研究区水质改善效果评估，从而深入了解沈阳、鞍山、盘锦和抚顺 4 个城市“水十条”各项治理工作的落实情况。

经过 2019～2021 年的实地水质监测，项目主要完成了 4 个推广城市(沈阳市、鞍山市、抚顺市、盘锦市)共 32 个采样点的 COD、生化需氧量(BOD_5)、总氮(TN)、氨氮、总磷(TP)、总钾、高锰酸盐指数、氰化物、氟化物、硫化物、重金属污染物(包括铅、镉、铜、锌、铬、砷、汞、硒)以及有机污染物(烃类、酚类、醛类、石油类)近 20 项水质指标的监测分析。在 2019～2021 年监测数据基础上，按照监测点位水质考核要求分析了水质达标情况，分析了 GEF 主流化项目实施前(2015～2018 年)和实施期间(2019～2021 年)的水质变化趋势。总体上，沈阳、鞍山、抚顺、盘锦 4 个推广城市在 GEF 主流化项目实施期间内的水质都有所提升，2021 年的监测数据显示绝大部分点位消除了劣Ⅴ类水体。从构建 4 个城市多年水环境的数据库来看，沈阳市、鞍山市、盘锦市和抚顺市的水环境近年来都有所提升，但在一些月份水质仍存在超标现象，主要污染物为 BOD_5、NH_3-N、TP、COD 以及高锰酸盐指数。由最新的水质数据分析，2021 年（1～8 月）上述 4 个城市水环境主要污染物存在空间分异。

同时，项目经分析不同推广区城市的多年水资源总量得出，其受降雨量影响较大，近年来沈阳市、鞍山市、抚顺市和盘锦市的降水和水资源量分布不均，由此导致河道生态基流及其满足程度的空间差异较大。农业区蒸散发（ET）是主要耗水大户，林地等蒸散发量也较大；而近年来工业和生活用水量增加幅度较大。

通过基于熵值权重的 TOPSIS 评价方法，在沈阳市、鞍山市、抚顺市和盘锦市 4 个城市 2017～2020 年进行相对接近度变化计算，结果表明，推广区的水资源与水环境管理效果具有一定的波动，在不同年份推广区的水资源与水环境综合管理效果是不同的。其中，2017～2019 年水资源与水环境管理的效果显著提升，这说明在推广区内的各个城市都采取了行之有效的措施并落实到位。其中沈阳市、盘锦市的治理效果最为明显，在 2018～2019 年度提高非常显著。通过监测评估，本课题对推广城市（沈阳市、鞍山市、抚顺市、盘锦市）的水资源与水环境管理中存在的问题和政策对策进行了分析，研究发现，主要问题包括由营养盐过量引起的河道水体富营养化和夏季藻华现象，上游城市的低污染水输入、水资源短缺引起的生态流量过低和断流现象，以及污水收集和处理设施需要进一步完善等，并提出了改进区域水资源与水环境管理的政策性建议。

结合推广区落实的水资源与水环境综合管理措施对推广城市进行分析，结果表明沈阳、鞍山、抚顺和盘锦 4 个城市的水资源与水环境状况都有所提升，但还是存在一些问题。盘锦市的水资源短缺，季节性缺水现象较为普遍；且生态流量不足，水体自净能力不足，水源涵养和污染阻控能力降低。因此应当保障生态环境用水，实施农村水系河塘整治工程，确保农业灌溉、养殖用水水质安全，保证农业清洁生产和农民生活水源。在河流水量方面，鞍山市的小柳河河道断流，大麦科湿地蓄水不足。需要在当地及时开展大麦科湿地修复和建设，退耕恢复湿地面积。沈阳市湿地环境保护存在问题，河流、湖泊及两岸的湿地环境受到破坏，很多自然湿地逐渐消失。因此，应当积极开展河流生态补水，改善水环境质量，保护天然湿地。此外，沈阳市建成区污水直排及溢流问题明显，工业污染防控仍需加强。因此应当补齐城市污水集中收集处理短板，消灭污水直排。抚顺市境内水体的水环境质量差，隐患较多，部分化工、石化项目布设在河流沿岸，水污染突发环境事件频发。由于种植业农药化肥广泛使用导致农村农业污染严重，令农田退水水质一般都比Ⅳ类差，对河流断面影响较大。所以要及时整治畜禽养殖业污染、种植业化肥及农药污染、农村生活污染，实施村镇生活垃圾治理工程，从根本上削减农业面源污染，改善水环境质量。

4.1.7 主要创新点

项目充分调查了辽河流域的水资源短缺、水环境污染的双重问题，在项目推广区（鞍山市、抚顺市、盘锦市和沈阳市）开展了基于ET/EC的水质监测和水环境管理调查分析，并采用基于熵值权重的TOPSIS评价方法，开展基于ET/EC的水资源与水环境综合管理效果评估，构建相应的评价指标体系。最后研究选取蒲河流域作为典型小流域进行基于流域耗水（ET）平衡的水资源分析，采用Pearson分析与逐步多元线性回归计算人类活动影响下的土地利用对水环境的影响，并提出了土地开发利用下水环境健康可持续发展的建议。

研究成果围绕节约水资源、提升水环境管理水平等提出合理措施建议，为我国实现区域水资源、水环境与水生态“三水统筹”管理提供了一定理论基础，也为辽宁省不同城市实施“十四五”水环境保护规划提供参考借鉴。

4.2 在海河流域推广水资源与水环境综合管理方法

4.2.1 在廊坊市、唐山市、邢台市开展水资源与水环境综合管理规划年度监测*

4.2.1.1 研究背景和意义

随着我国城市的快速扩张和工业的急速增长，农业用水、生活用水和工业用水需求大幅增加。水资源稀缺和水污染导致水量和水质发生显著变化，也对依赖水资源的下游用户和生态系统造成影响。渤海是世界上生态压力最大的水体之一，造成渤海退化的主要原因有淡水流入量持续减少及周边流域（如海河流域）河流的污染负荷不断增加。海

* 由王凌青、李宣瑾、李红颖、王雪平、冯朝晖、韩萧萧、李婉书、赵筱媛执笔。

河流域水资源、水环境问题较为严重，河北省廊坊市、唐山市和邢台市作为海河流域的主要覆盖城市，其水资源、水环境、水生态问题引起了地区的广泛关注。通过推广技术和管理上的创新，加强水资源和水环境不同管理机构之间的通力合作，有助于实现水资源与水环境综合管理目标。

本课题首先根据海河流域各级水系划分的控制单元，通过在廊坊市、唐山市和邢台市设置水质监测点，获取水环境数据，并依据相关方法分析廊坊市、唐山市和邢台市水环境现状，结合重要点位的历史资料，判断研究区水环境变化。在廊坊市、唐山市和邢台市3个地市选取的监测点具有分布范围广、监测时间长且较全面的特点。

此外，本课题通过与廊坊等地市生态环境部门访谈、对接、实地调研，了解当地开展的水资源、水环境等方面的工作，全方位调查和获取廊坊市、唐山市、邢台市的污染物排放情况，以便了解当地存在的实际问题，提出更加具有针对性的建议。基于监测数据，本课题在廊坊市选取了具有代表性的小流域结合 EC、ET、ES 理论进行分析，实地验证理论体系的科学性及可行性，为区域水环境改善、水资源保障及水生态稳定提供一定的研究基础。

4.2.1.2 研究主要内容和研究技术方法

1. 主要内容

(1) 基于 ET/EC 的廊坊市、唐山市和邢台市水质监测分析

根据海河流域水系分布，结合河北省“水五十条”目标责任书中地表水水质目标，在海河流域各级水系划分控制单元，在廊坊市、唐山市和邢台市设置水质监测点位，开展水质常规监测，构建流域水环境监测体系。根据控制单元划分情况，调查流域污染源，明确影响断面水质主要污染源分布情况。

(2) 廊坊市、唐山市和邢台市水环境管理调查分析

基于 EC 理念，围绕国家“水十条”和河北省“水五十条”相关要求，深入了解廊坊市、唐山市和邢台市落实相关要求的情况，具体内容包括：廊坊市、唐山市、邢台市主要污染物排放情况、节约保护水资源情况、加强水环境管理情况、保障水生态环境安全情况等。

(3) 廊坊市、唐山市和邢台市水环境管理效果评估

根据河北省“水五十条”目标，比较分析现状水质达标率，开展廊坊市、唐山市和邢台市流域水环境质量管理效果评估；通过对比廊坊市、唐山市和邢台市各类水体数量与比例的逐年变化情况，开展流域水质改善效果、水生态状况评估，以及实施水资源与水环境综合管理措施的效果评估。

（4）廊坊市、唐山市和邢台市持续推进水资源与水环境综合管理有关对策措施与建议

根据廊坊市、唐山市和邢台市水质监测评估结果，全面总结流域实施水资源与水环境综合管理的经验，分析存在的不足之处，并从控制单元管理、污染总量控制管理、EC管理等方面，提出进一步加快推进廊坊市、唐山市和邢台市实施水资源与水环境综合管理的对策措施与建议。

2. 研究技术方法

（1）技术路线及技术方案

本课题首先根据海河流域各级水系划分的控制单元，在廊坊市、唐山市和邢台市设置水质监测点，调查流域污染问题的同时对水质监测结果进行分析，评估区域水环境状况。通过收集研究区内的统计年鉴、政府报告，查阅相关文献资料，结合实地走访调查，综合分析廊坊市、唐山市和邢台市水环境管理和水生态保护状况，并对这3个城市的水资源与水环境管理效果进行综合评估，以期总结出推进城市水资源与水环境综合管理的有效措施与建议。具体的技术路线图和技术方案概述图如图4－15和图4－16所示。

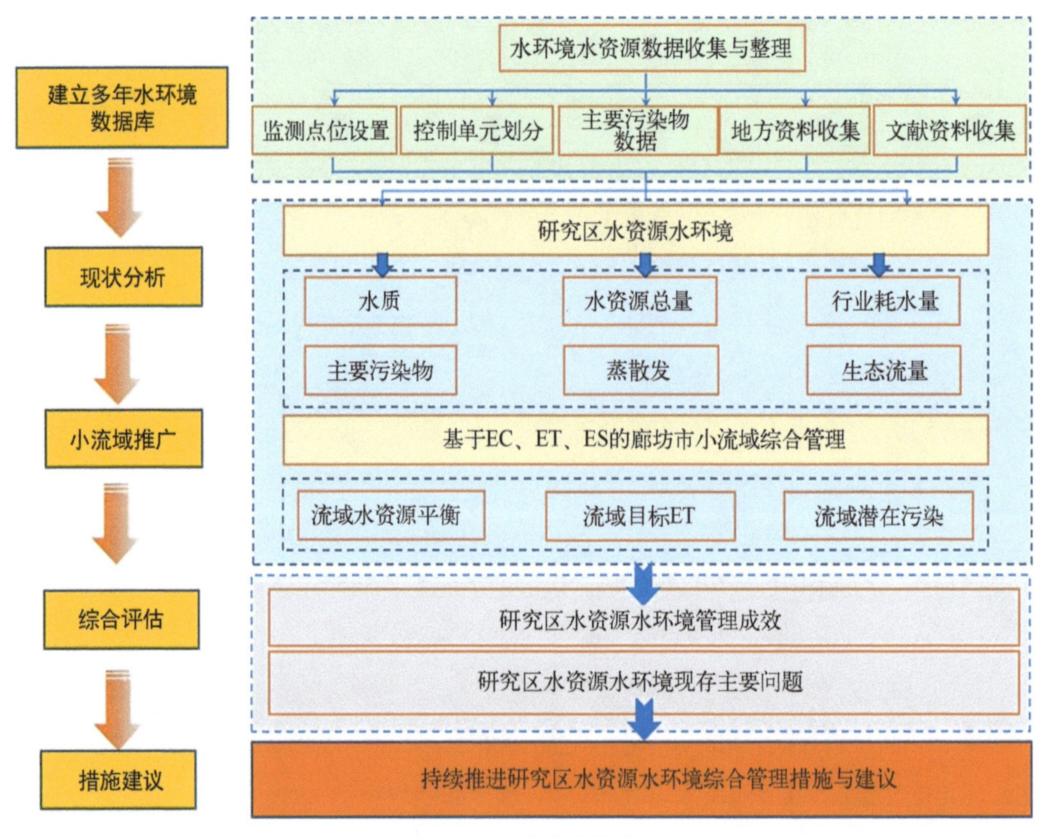

图4－15　技术路线图

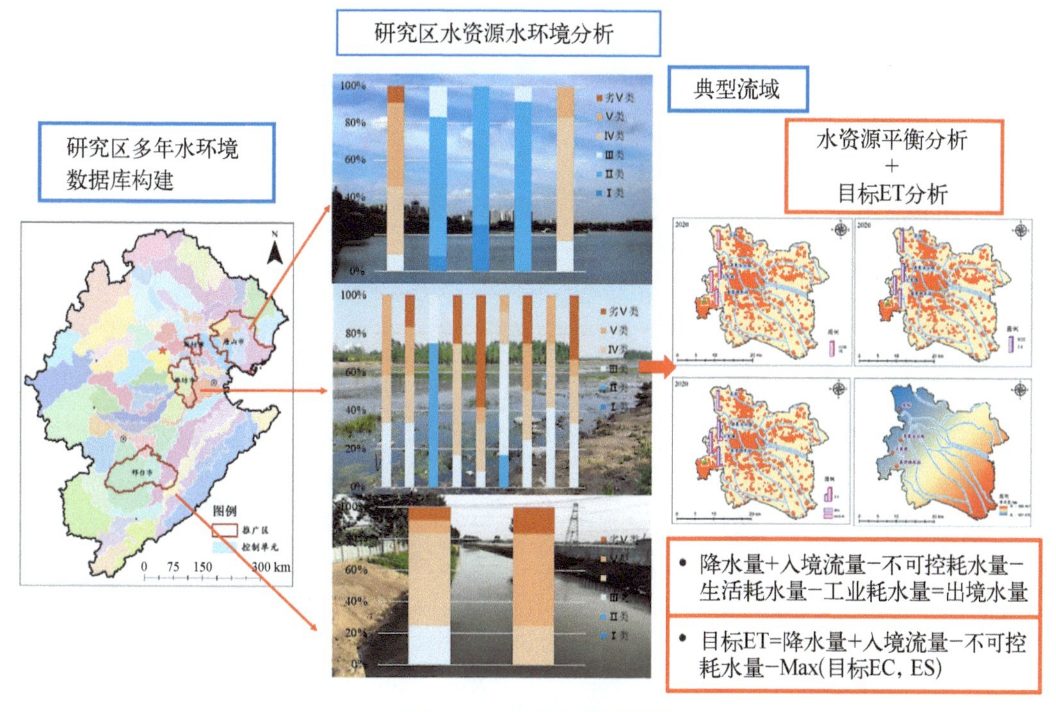

图 4-16 技术方案概述图

(2) 监测数据的获取

本课题选取地表河流(14 个)和入海河流(涧河口、姜各庄)2 种类型共 16 个监测点。所选点位的水样来源和水环境监测结果具有正规性和可靠性。

(3) 监测指标

监测指标包括 COD、BOD_5、TN、NH_3-N、TP、总钾、高锰酸盐指数、氰化物、氟化物、硫化物等水质指标;铅、镉、铜、锌、铬、砷、汞、硒等重金属污染物;烃类、酚类、醛类、石油类等有机污染物共计近 20 项指标。

(4) 研究区综合管理效果评估

为更好地评估研究区水资源与水环境管理效果,构建相应的评价指标体系,以期在定性分析的基础上,对研究区基于 ET/EC/ES 的管理效果作出定量分析评估。本研究采用基于熵值权重的 TOPSIS 评价方法。

基于熵值权重的 TOPSIS 评价方法具体如下:先采用熵值法确定指标数据的权重,然后确定正理想解和负理想解及其距离,最后以相对接近度表示研究区水资源与水环境综合管理效果。该评价方法主要依赖于指标数据以及指标数据间的欧几里得距离进行评价,减少了人为的权重信息,是一种逼近理想解的排序法,通过计算有限个决策指标与理想化最优和最劣方案的距离，得出评价对象与理想化目标的接近程度并进行排序。TOPSIS 法在解决有限方案的多目标决策问题时有着广泛的应用，既适用于横向多因素之间的对比，也可以纵向应用于不同年份的分析。

4.2.1.3 结论

1. 水环境监测分析

通过构建 3 个城市多年水环境水资源数据库，整体来看，廊坊市、唐山市、邢台市水环境近年来都有所提升（见表 4－6），但在一些月份，水质主要污染物仍存在超标现象。根据最新的水质数据，2021 年（1～8 月）3 个城市水环境主要污染物空间分异程度较高（图 4－17）。

表 4－6　2015～2020 年重点监测点位水质变化

城　市	点位名称	水　质　状　况					
		2015 年	2016 年	2017 年	2018 年	2019 年	2020 年
廊坊市	小河闸	—	—	Ⅳ	Ⅴ	Ⅳ	Ⅳ
	大王务	劣Ⅴ	劣Ⅴ	劣Ⅴ	Ⅳ	Ⅳ	Ⅱ
	台头	劣Ⅴ	劣Ⅴ	劣Ⅴ	劣Ⅴ	劣Ⅴ	劣Ⅴ
	三河东大桥	劣Ⅴ	劣Ⅴ	劣Ⅴ	劣Ⅴ	Ⅴ	Ⅲ
	吴村	劣Ⅴ	劣Ⅴ	劣Ⅴ	Ⅴ	Ⅴ	Ⅳ
唐山市	丰北闸	Ⅴ	劣Ⅴ	劣Ⅴ	劣Ⅴ	Ⅳ	Ⅳ
	大黑汀水库	Ⅳ	Ⅲ	Ⅴ	Ⅱ	Ⅱ	Ⅱ
	滦县大桥	Ⅲ	Ⅱ	Ⅱ	Ⅱ	—	Ⅱ
	姜各庄	Ⅲ	Ⅱ	Ⅱ	Ⅱ	Ⅱ	Ⅱ
	涧河口	Ⅴ	Ⅴ	Ⅳ	Ⅴ	Ⅳ	Ⅳ
邢台市	后西吴桥	—	劣Ⅴ	Ⅴ	劣Ⅴ	Ⅳ	Ⅳ
	艾辛庄	—	劣Ⅴ	劣Ⅴ	Ⅴ	Ⅴ	Ⅴ

为进一步判断廊坊市、唐山市、邢台市 2019 年、2020 年、2021 年水质改善情况，对 3 个城市不同点位Ⅴ类、劣Ⅴ类水占比下降比例进行统计。整体来看，2019～2021 年共 3 年的时间里，各城市不同监测点位Ⅴ类、劣Ⅴ类水治理具有显著成效，Ⅴ类、劣Ⅴ类水占比降低明显（见图 4－18）。

对比 2019 年与 2020 年的水质达标情况可知（表 4－7），位于廊坊市内的大部分点位水质达标情况均有提升，2020 年 4 个点位的水质达标率为 100%，但老夏安公路点位污染状况较 2019 年严重。除丰北闸点位外，其余唐山市内点位水质达标率均有一定提升。

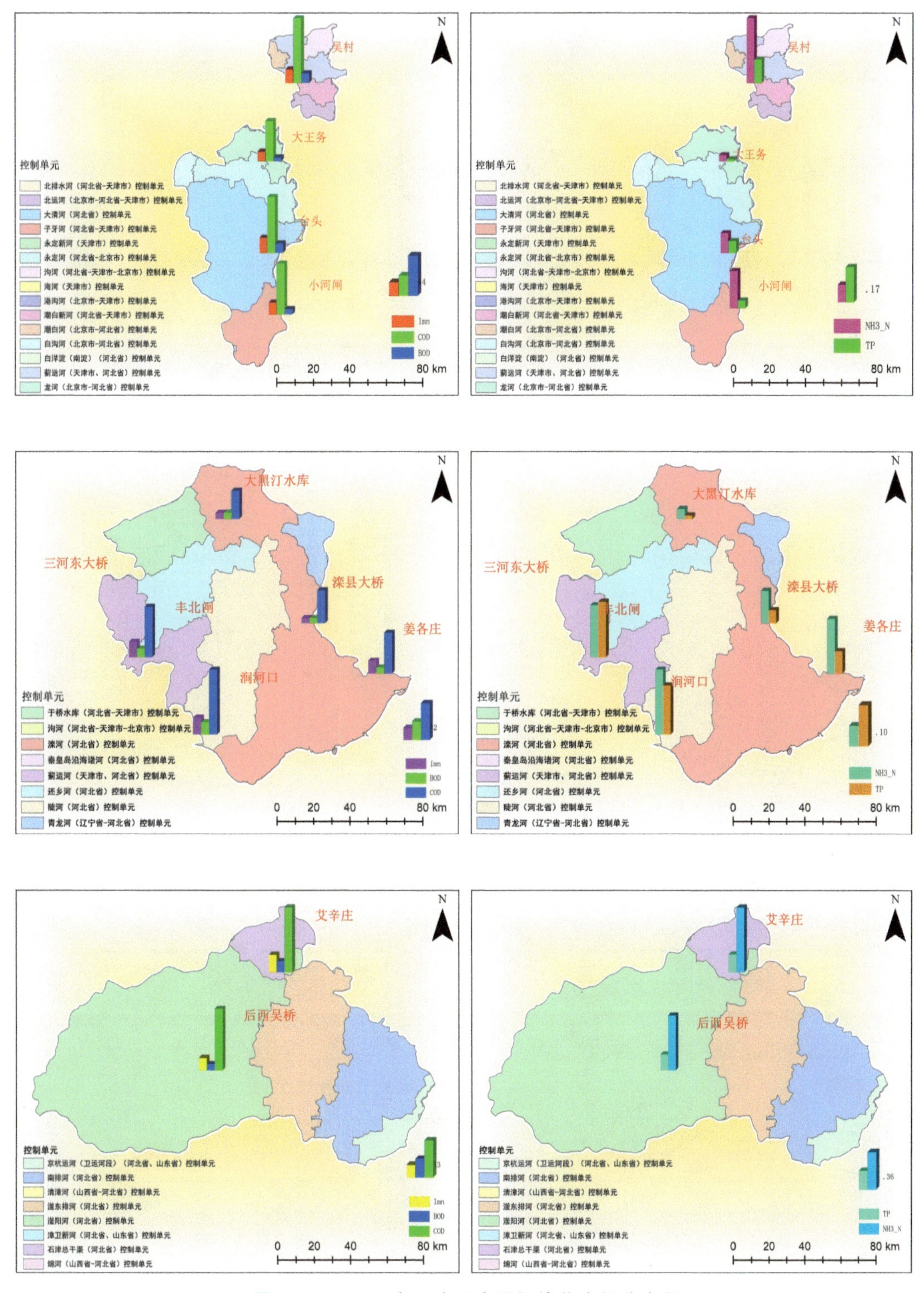

图 4-17　2021 年研究区主要污染物空间分布图

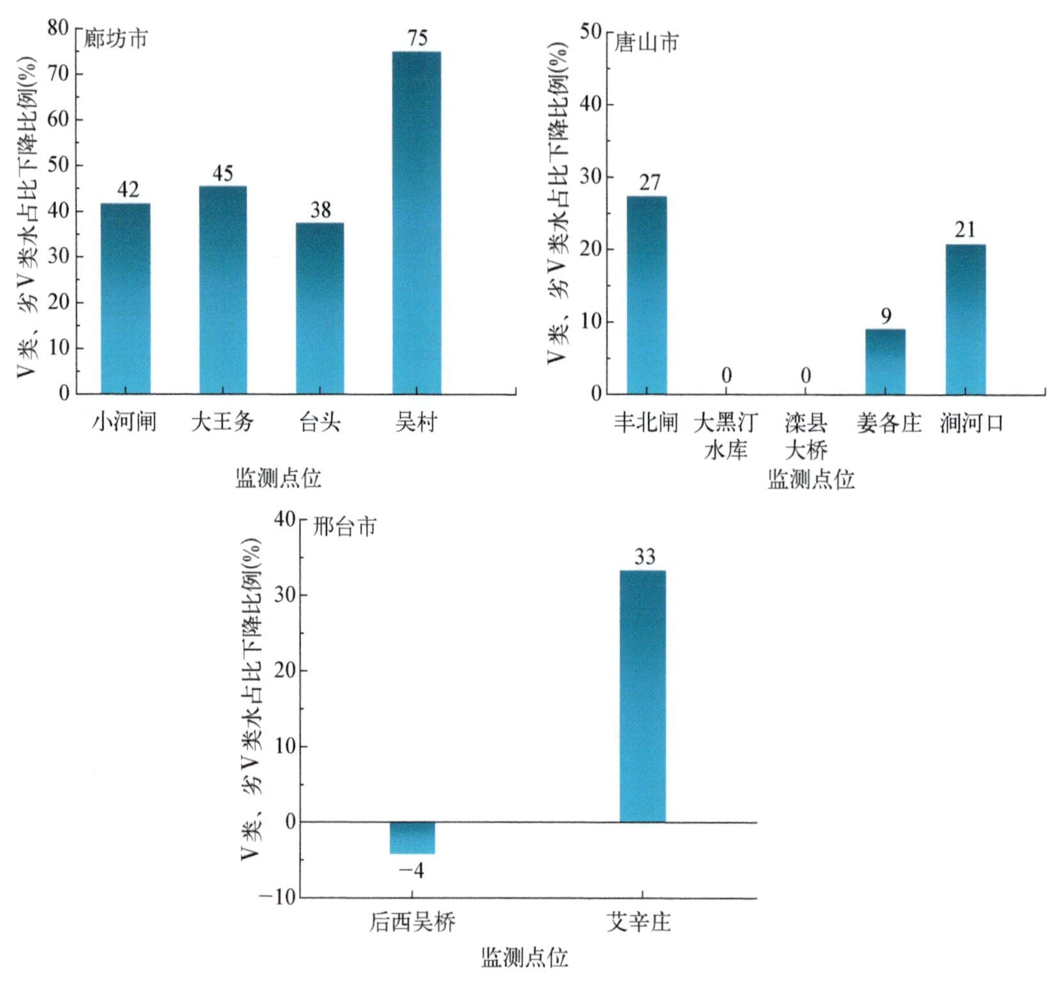

图 4-18　2019～2021 年廊坊市、唐山市、邢台市Ⅴ类、劣Ⅴ类水占比下降比例

表 4-7　监测点位 2019、2020、2021 年水质达标率(按月统计)对比

地　区	点 位 名 称	2019 年水质达标率(%)	2020 年水质达标率(%)	2021 年水质达标率(%)
廊坊市	小河闸	91.67	100.00	100.00
	王家摆	66.67	83.33	—
	大王务	81.82	100.00	100.00
	三小营	75.00	75.00	—
	台头	25.00	41.67	87.50
	三河东大桥	50.00	100.00	—
	吴村	50.00	75.00	100.00
	秦营扬水站	90.91	100.00	—
	老夏安公路	80.00	66.67	—

（续表）

地　区	点 位 名 称	2019 年水质达标率(%)	2020 年水质达标率(%)	2021 年水质达标率(%)
唐山市	丰北闸	91.67	90.91	100.00
	大黑汀水库	75.00	83.33	100.00
	滦县大桥	100.00	100.00	100.00
	姜各庄(入海河流监测点位)	81.82	100.00	66.67
	涧河口(入海河流监测点位)	77.78	100.00	87.50
邢台市	后西吴桥	75.00	91.67	87.50
	艾辛庄	50.00	83.33	87.50

邢台市后西吴桥、艾辛庄点位虽然水污染仍较严重，但与 2019 年相比水质得到改善。截至 2021 年，水质 100%达标监测点位共有 6 个，台头、姜各庄、涧河口、后西吴桥、艾辛庄点位水质未能 100%达标。

2. 水资源监测分析

在河流水量方面，位于平原区的廊坊市河流流量较小，部分河流存在断流情况；而位于山前段的唐山市水资源相对丰沛。河流环境流量是制约水环境达标的因素。近年来河北省廊坊市、唐山市和邢台市的降水和水资源量分布极不均匀，由此导致河道生态基流及其满足程度的空间差异较大。根据廊坊市地表水资源量及水资源总量变化可知，2015～2020 年廊坊市平均水资源总量为 5.66 亿 m^3，2016 年水资源总量最多，达到 7.08 亿 m^3，2015～2020 年地表水资源量平均占比为 9.84%。根据唐山市地表水资源量及水资源总量变化可知，2015～2020 年唐山市平均水资源总量为 18.81 亿 m^3，2016 年水资源总量最多，达到 22.36 亿 m^3，2018 年地表水资源总量最多，达到 11.18 亿 m^3，2015～2020 年地表水资源量平均占比为 44.13%。2015～2020 年邢台市平均水资源总量为 12.315 亿 m^3，地表水资源总量平均值为 5.102 亿 m^3，2015～2020 年地表水资源总量平均占比为 38.86%(见图 4-19)。3 个城市水资源缺乏，人均水资源占有量较低，廊坊市在 3 个城市中人均水资源量最低。

3. 蒸散发分析

蒸散发分析表明，廊坊市、唐山市、邢台市 3 个城市的多年平均蒸散发(ET)分别为 533 mm、588 mm、591 mm，农业区蒸散发(ET)为主要耗水。按照月份统计研究区蒸散发结果显示，廊坊市 1～3 月、4～6 月、7～9 月、10～12 月多年平均蒸散发分别为 10.08 mm、59.48 mm、92.59 mm、15.65 mm。唐山市 1～3 月、4～6 月、7～9 月、10～12

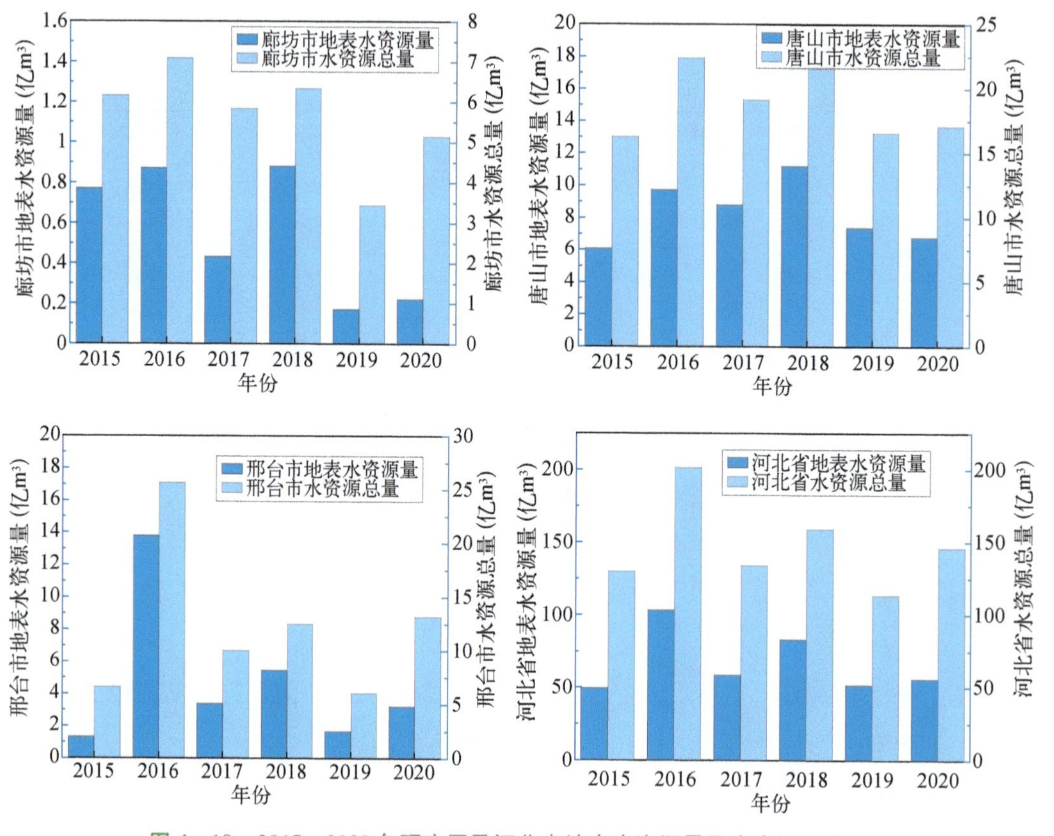

图 4-19　2015～2020 年研究区及河北省地表水资源量及水资源总量变化

月多年平均蒸散发分别为 12.76 mm、71.99 mm、94.57 mm、16.62 mm。邢台市 1～3 月、4～6 月、7～9 月、10～12 月多年平均蒸散发分别为 13.75 mm、77.54 mm、91.85 mm、13.82 mm。3 个城市蒸散发较大的时段集中在 7～9 月，夏季气温较高，植物蒸腾、蒸发作用强烈。

4. 基于 EC、ET、ES 的廊坊市典型小流域综合管理分析

在 3 个城市中，廊坊市水资源总量偏低，人均水资源量较少。因而基于廊坊市目前水资源、水环境状况，依据获取的监测数据、水资源数据、污染物排放数据，选取位于廊坊市香河县，并由北运河、潮白新河控制单元组成的典型小流域（图 4-20）。采用 3E 理论体系，通过计算流域降水量、蒸散发、生活及工业耗水量等，分析流域耗水平衡，计算目标 ET，评估流域实施 EC、ET、ES 综合管理的必要性。通过计算流域目标 ET、可控 ET、水环境承载力可知，目标 ET 大于流域内可控 ET，水环境承载力属于临界超载状态，在水资源与水环境综合管理期间（2019～2021 年），流域内水环境向好，通过引调补水，河道水资源增加，水生态恢复，水资源与水环境综合管理有一定成效。

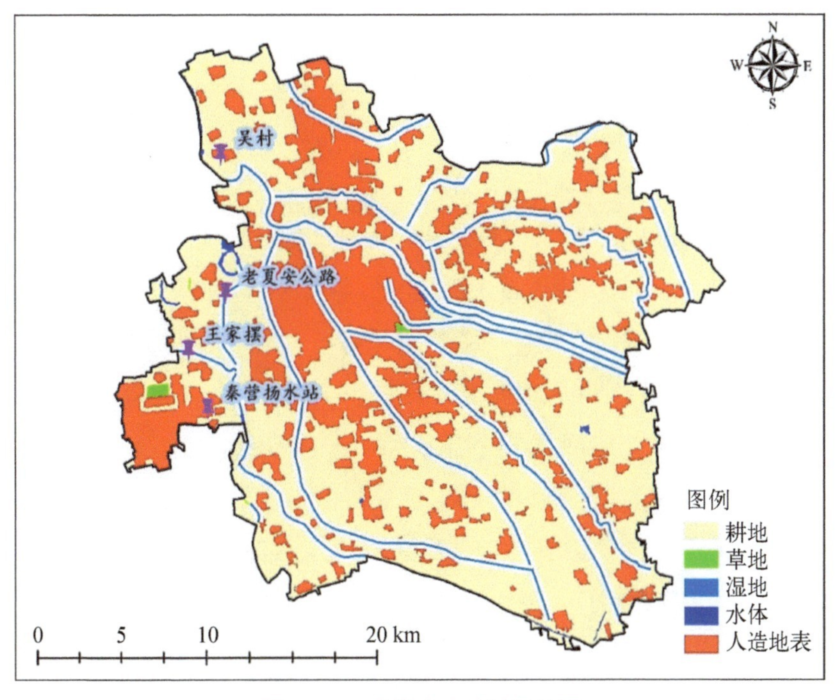

图 4-20　廊坊市小流域区位图

5. 研究区水资源与水环境综合管理情况

通过基于熵值权重的 TOPSIS 评价方法，对区域水资源与水环境管理成效进行了综合评估，其中，廊坊市 2015～2020 年水资源与水环境综合管理初见成效，这主要体现在廊坊市采取了水系清淤和综合整治工程治理河流污染，劣 V 类国控断面占比降低幅度大，地表水改善明显；通过建立并完善排污权台账，使得污染物排放有据可循。唐山市综合管理效果近两年稳步提高。唐山市通过对工业园区配套建设集中污水处理设施，工业污染防治效果显著；通过完善污水处理厂配套设施，污水收集及再生水利用比例提升。邢台市的水质尚不能稳定达标，多年延续的管理效果波动幅度较大，主要受到生态用水短缺制约。针对这一情况，邢台市根据河流现状、引江工程布局和水源条件，优化联合调度，利用引江水、水库水向 3 条河道进行生态补水，生态水量逐步恢复。

6. 研究区水资源与水环境存在问题与建议

通过监测评估，本课题对海河流域推广地市（河北省廊坊市、唐山市、邢台市）的水资源和水环境管理中存在的问题进行了分析。主要问题包括：由营养盐过量引起的河道水体富营养化和夏季藻华现象，上游城市的低污染水输入、水资源短缺引起的生态流量过低和断流现象，以及污水收集和处理设施需进一步完善等。针对各个城市存在的问题，提出以下建议：

（1）健全上下游协同管理机制，保障河流水环境容量——廊坊市

针对廊坊市河流生态流量严重不足的情况，建议积极与国家和北京市有关部门沟通协调，通过上下游水量补偿等有效手段，与上游地区协商解决生态水不足的问题，与下游地区优化闸坝调度方案。与天津市有关部门联合制定、优化水量调度方案，借助下游沿河农田灌溉设施，优化调水频率和调水路径，保持河流足够的生态水量和水体流动性，逐步恢复河流自净能力和生态功能。强化入境断面监督考核，确保上游地区出境水量、水质均达标。全面落实河长制，加强上下游、左右岸行政区之间的地方政府合作，研究构建跨地区河长间的协同管理、河流管理保护机制。

（2）完善城镇污水收集管网，综合利用水资源——唐山市

推进城区部分路段雨污分流管网改造，确保污水全收集、全处理。强化河流沿岸污水管网、提升泵站的巡查与修复，减少跑、冒、漏、滴现象发生。建设初期雨水拦截设施或存储设施，避免初期雨水高浓度污染物直排入河。尤其需要重点关注唐山市个别区域污水管网不完善、雨污分流不全面、污水处理能力不足等问题。

（3）分区域统筹规划——邢台市

针对邢台市水资源分布不均衡问题，需要对城市进行分区域统筹规划，在市域西部水源涵养区，以朱庄水库为核心，主要河道入库口采取生态修复措施，在水库上游开展清洁小流域建设、水土流失治理、水源涵养林建设等措施，充分涵养水源，有利于水资源时空调配。市域东部主要为节水减排区和清水廊道建设，需重点保障生态水量。

总结研究区水资源水环境存在的问题，结合“十四五”规划要点，汇总了研究区重点涉水工程如表 4－8～4－10 所示。

表 4－8　廊坊市“十四五”重点涉水工程规划

城　市	县(市、区)	项 目 类 别	项目个数(个)
廊坊市	安次区	城镇污水处理及管网建设	1
	安次区、固安县、永清县	水资源优化调度	1
		水生态保护修复	1
	安次区、广阳区	城镇污水处理及管网建设	1
		水生态保护修复	2
	霸州市	城镇污水处理及管网建设	1
		水生态保护修复	1
	霸州市、永清县	城镇污水处理及管网建设	1
	大厂县	城镇污水处理及管网建设	1
		工业污染防治	2
		水生态保护修复	3

（续表）

城　市	县(市、区)	项 目 类 别	项目个数(个)
	大城县	城镇污水处理及管网建设	5
	固安县	水生态保护修复	2
	广阳区	城镇污水处理及管网建设	1
	广阳区、安次区、开发区	城镇污水处理及管网建设	2
	开发区	城镇污水处理及管网建设	1
		水生态保护修复	2
	三河市	城镇污水处理及管网建设	11
		水生态保护修复	1
	文安县	城镇污水处理及管网建设	3
		水生态保护修复	2
		水资源优化调度	1
	文安县、霸州市	水生态保护修复	1
		水资源优化调度	1
	香河县	水生态保护修复	6
	永清县	城镇污水处理及管网建设	1

表 4-9　唐山市“十四五”重点涉水工程规划

城　市	河　流	工 程 类 别	工程个数(个)
唐山市	陡河	水源涵养及供水工程	1
	还乡河	河道综合治理工程	48
	冀东沿海水系其他河流	河道综合治理工程	1
	黎河	河道综合治理工程	1
	淋河	“乡村振兴”水环境综合整治工程	1
	滦河	河道综合治理工程	1
	煤河	“乡村振兴”水环境综合整治工程	1
	潘家口和大黑汀水库	水源涵养及供水工程	1
	沙河	河道综合治理工程	1
		“乡村振兴”水环境综合整治工程	1

表 4-10　邢台市“十四五”重点涉水工程规划

城　市	县(市、区)	项 目 大 类	项目个数(个)
邢台市	柏乡县	农业农村污染防治	2
		工业污染防治	1
		城镇污水处理及管网建设	2
		水生态保护修复	1
	广宗县	城镇污水处理及管网建设	1
	巨鹿县	水生态保护修复	1

（续表）

城 市	县(市、区)	项 目 大 类	项目个数(个)
	开发区	城镇污水处理及管网建设	1
	临城县	城镇污水处理及管网建设	1
		区域再生水循环利用	4
		生态流量	1
		水生态保护修复	4
	临西县	工业污染防治	1
		农业农村污染防治	6
	隆尧县	污染减排	1
		工业污染防治	3
		水资源优化调度	1
		风险预防	1
	南宫市	生态流量保障	1
	南和区	农业农村污染防治	1
	内丘县	城镇污水处理及管网建设	5
		水生态保护修复	1
	宁晋县	工业污染防治	1
		区域再生水循环利用	1
		污染减排	6
	平乡县	农业农村污染防治	1
	清河县	城镇污水处理及管网建设	2
		区域再生水循环利用	1
	任泽区	城镇污水管网建设	2
		水生态保护修复	2
		排污口整治	1
		水资源优化调度	1
		工业污染防治	1
		生态流量保障	1
	新河县	区域再生水循环利用	3
		水生态保护修复	1
		农业农村污染防治	2
		城镇污水处理及管网建设	2
	信都区	农业农村污染防治	3
		污染减排	1

4.2.1.4 主要创新点

本课题结合水资源、水环境与水生态综合管理理念，对研究区典型小流域的水资源与水环境管理状况进行分析，并针对水质达标情况和水资源管理落实情况，对研究区水资源与水环境管理效果进行综合评估，并提出相应建议。

研究成果围绕节约水资源、提升水环境管理水平等提出合理措施建议，为我国实现区域水资源、水环境与水生态“三水统筹”管理提供了一定理论基础，也为河北省不同城市实施“十四五”水环境保护规划提供参考借鉴。

4.2.2 在推广区开展水资源与水环境综合管理规划年度监测（海河流域河北省石津灌区）*

4.2.2.1 研究背景

近年来，河北省石津灌区内社会经济发展使得工业、生活和环境用水量逐年增加，上游岗黄水库水量呈明显减少趋势，造成了农业灌溉水源不足、灌区灌溉面积严重萎缩、水资源供需矛盾突出的局面。为保障灌区的灌溉面积，提高灌溉效率，使整个灌区的水资源消耗总量得到有效控制，实现灌区水资源利用效益实质性提高。本项目在基础资料收集的基础上，开展灌区 ET、生物量和种植结构的现状监测，采用水资源与水环境综合管理新方法，开展石津灌区耗水量和耗水结构、水分生产率和水质分析，通过对整个灌区实施基于耗水的水资源管理建设效果进行综合评估，借鉴石家庄市水资源与水环境综合管理示范成果，以创新的方法，形成灌区管理的技术手册，为灌区水资源与水环境可持续利用与管理提供重要支撑。

4.2.2.2 研究内容和成果

本项目基于 Sentinel－2 光学卫星数据开展石津灌区作物种植结构检测，基于光能利用率模型开始石津灌区生物量数据的生产，基于国家级灌区 ET 监测和管理平台（以下简称平台）中的 ET 监测系统，利用 2018～2020 年的多源遥感数据与气象数据，进行了该监测平台在石津灌区的推广应用，生产了 1 km 分辨率的每月遥感 ET 数据以及 30 m 的 ET 数据；以不同行政区域与典型土地覆被类型等为统计单元进行了 ET 和生物量的统计计算与分析。

灌区农田节水效果与节水潜力评价报告着重介绍了本项目利用 2018～2020 年的监测数据，开展石津灌区耗水结构和时空过程分析、主要作物水分生产率分析、灌区排水和水质分析、农田节水效果和节水潜力分析，提出了石津灌区水资源与水环境综合管理的初步意见和建议。

---

* 由张喜旺、闫娜娜执笔。

首先通过目视解译方式获取了大量有效的样本数据，并选取了主要作物类型(春季主要为冬小麦、夏季夏玉米)、果园、蔬菜、花生、棉花等进行提取。使用 10 m 的 Sentinel - 2 光学卫星数据作为源数据，来更精细化地识别灌区的主要种植作物和其他作物。为配合地面实地验证的时间，在进行影像选取的时候，不仅要考虑到冬小麦独特物候期，还尽可能缩短不同轨道影像的间隔时间。使用分类性能较好的机器学习算法 SVM 对灌区的冬小麦进行识别和制图，得到灌区初步的种植结构制图。虽然不同作物产生不同的光谱反射曲线，但是还会存在“异物同谱，同谱异物”的现象。因此，完全使用机器学习算法对灌区种植结构进行分类会存在一定的误分类，因此还采用人工修改的方式进行分类后处理，以保证分类结果的精确性。结合实地调查的数据和高清的 Google earth 影像，对第一次的分类结果进行分类后处理，得到最终的 2018～2020 年灌区种植结构分类图，为后续生物量以及 ET 计算打下基础。

通过分析 2018～2020 年河北省石津灌区的春季作物种植结构图和夏季作物种植结构图发现，河北省石津灌区实行双季轮作的耕作机制，而且种植结构较为复杂。由河北省石津灌区春季作物种植结构图可知，河北省石津灌区春季主要种植的农作物为冬小麦，其种植面积最大、范围最广，其种植区域主要分布在灌区的西北部和东南部。此外，灌区还种植有少量的其他经济作物，如蔬菜、棉花、花生等。蔬菜等经济作物主要分布在灌区的西部区域，并且以同类作物聚集状呈现。对于灌区春季作物而言，主要粮食作物为冬小麦，其 2018 年种植面积最广，占灌区绝大部分耕作土地，面积为 1 541.94 km^2。灌区经济作物种植面积相对较少，蔬菜、棉花、花生分别为 0.37 km^2、0.53 km^2、36.18 km^2。2019 年，灌区小麦种植面积略有下降，降幅为 1.53%，下降面积为 23.58 km^2。果园、棉花、花生、蔬菜等经济作物种植面积呈上升趋势，上升面积分别为 25.46 km^2、0.82 km^2、1.03 km^2、0.29 km^2。2020 年，灌区小麦种植面积为 1 500.79 km^2，相比 2019 年，面积有所下降，降幅为 1.16%，面积减少 17.57 km^2。而棉花和蔬菜面积略微增加，增加面积分别为：0.01 km^2、0.08 km^2。对于灌区夏季作物而言，夏玉米为主要的粮食作物。其中 2019 年种植面积相对于 2018 年和 2020 年较小，种植面积为 1 557.53 km^2。2020 年较 2019 年灌区夏玉米和大豆种植面积略有增长，涨幅分别为 0.14%、0.28%，增长面积分别为 2.12 km^2、0.12 km^2。相反地，棉花、花生、蔬菜等经济作物种植面积略有下降，降低面积分别为 0.79 km^2、0.34 km^2、0.01 km^2。并且本项目将外业 GVG(GIS、VIDE、GPS)调查数据与分类结果作对比，检验了分类工作的有效性。根据 2019 年灌区秋季种植结构图和 2019 年秋季 GVG 实地调查照片可知，实际地类基本和分类类别相一致，分类结果精度较高。

生物量的生成采用CASA模型计算得到,模型关键参量NPP是基于GEE平台利用MODIS FPAR产品、Sentinel2高分辨率植被数据以及气象信息等计算,经过转换生成30 m分辨率的月生物量数据。利用ARCGIS统计功能,完成2018~2020年生物量年空间分布图,得到2018~2020年石津灌区的实际生物量值分别为30 934.5 kg/hm^2、33 876.8 kg/hm^{2}和32 063.4 kg/hm^2,生物量总体呈上升趋势。

基于国家级灌区ET监测和管理平台(以下简称"平台")中的ET监测系统,利用2018~2020年的多源遥感数据与气象数据,生产了石津灌区30 m分辨率逐月遥感ET数据。

接着采用"GEF海河流域水资源与水环境综合管理项目"的技术方法,利用遥感生成的ET和生物量数据集,根据灌区调查的作物物候信息以及作物分布结果,获取生育期主要作物(冬小麦和夏玉米)的耗水量和生物量。2018~2020年石津灌区3年的耗水量变化趋势一致,与石津灌区的双季轮作有关。灌区耗水量呈现双峰的变化趋势,第一个ET峰值恰好与5月冬小麦的生长高峰相对应,第二个ET峰值恰好与8月夏玉米的生长高峰相对应。利用年汇总结果,结合典型土地利用图可得到2018~2020年石津灌区典型土地利用的实际ET。不同土地利用单位面积耗水存在显著差异,果园和阔叶林ET相对最高,分别为677.59 mm和672.71 mm,其次是旱地629.57 mm,而建设用地ET最低,为464.12 mm。对各县耗水结构进行分析发现,除了赵县和晋州市外,各县市植被区耗水结构基本一致,旱地耗水量在各县比重最大,变化范围为85%~100%,其次为果园,大多耗水比重在1%~15%之间,林地耗水占比基本可不予关注。赵县是唯一一个果园耗水比重大于旱地的县市,而晋州市果园耗水比重(36%)略低于旱地耗水(63%)。对于旱地耗水而言,2018~2020年平均耗水量为17.25亿m^3,各县市旱地耗水比重与植被耗水情况类似。根据2020年土地利用监测结果,灌区土地利用以果园、旱地和建设用地为主,占灌区总面积的比例达到99.1%,3种土地利用类型所占比例分别为14.7%、67.2%和17.9%。与2019年相比,果园略有下降,旱地和建设用地增加。2018~2020年旱地耗水量平均为17.25亿m^3,尽管旱地耗水量居中,但是由于绝对的面积占比优势,使得旱地区总耗水量占灌区总耗水量的70.3%。果园耗水量其次,3年平均为3.81亿m^3,占比15.5%。建设用地耗水量占比13.9%,阔叶林占比最低。根据2018、2019、2020 3年的灌区果园、阔叶林ET数据来看,两者在月度变化中趋势相似,均在2月份开始增加,到8月份达到峰值后开始下降,且两者3年ET峰值都较为接近,由于果园面积远远大于阔叶林,果园的耗水量大于阔叶林的耗水量。2018～2020 年小麦和玉米平均耗水量分别为 5.14 亿 m^3 和 5.70 亿 m^3。冬小麦 2018～2020 年耗水量呈下降趋势，这与作物面积下降有关，耗水量下降幅度为 8.1％。玉米 2020 年耗水量较 2019 年同比下降 9.8％，这与作物种单位面积 ET 下降有关，下降幅度为 3.6％。

按照作物水分生产率计算公式结合生成的灌区主要作物分布和蒸散数据，可以计算不同作物的灌区水分生产率。根据水分生产率时空分布图发现，冬小麦水分生产率 2018 和 2019 年呈现北高南低的空间分布格局，特别是中东部大部显示较高的 CWP，而 2020 年除了中东部，南北水分生产率差异降低。玉米水分生产率 2018～2020 年 3 年差异显著，2018 年空间分布差异最为显著，呈现西高东低的空间格局，2019 年与 2020 年空间差异不显著。利用 ArcGIS 统计了各区县的主要作物水分生产率情况，玉米水分生产率大于冬小麦水分生产率，这与 C4 作物较 C3 作物产生更高的 NPP(净初级生产力)有关。从 2018 年、2019 年到 2020 年，玉米水分生产率呈逐年小幅增长的变化态势，其中一个主要原因是 2018 年、2019 年及 2020 年 3 年玉米耗水量总体呈下降趋势。总的来讲，冬小麦的空间异质性小于玉米的异质性，这与该区域小麦以灌溉为主，保灌措施可能使得作物基本上是在不缺水的情况下生长，而玉米正处于雨季，雨季降水的差异对生物量的累积和蒸散影响较大。

水体污染和水资源短缺是石津灌区水环境面临的两大问题。本项目从石家庄市生态环境局和衡水市生态环境局官网发布的水环境质量月报收集石津灌区多个水站断面的 COD(化学需氧量)、氨氮和总磷数据分析水质变化及变化趋势。对比来看，2018～2020 年，石家庄市重点流域水污染治理工作稳步推进，辖区内各县(市)区基本实现了污水集中处理，各河流水质总体上保持稳定。2018 年石津灌区总干渠水体水质由Ⅲ类转为Ⅱ类，水质状况为优，主要污染物由氟化物、化学需氧量、生化需氧量转为化学需氧量、氟化物和高锰酸盐指数，2019 年及 2020 年灌区水质状况仍为优。

对于节水效果而言，不同的节水措施对于节水的影响也各不相同。覆盖/覆膜措施，采用石津灌区周边覆盖/覆膜措施的节水效果实验数据，冬小麦秸秆覆盖的效果比较一致，减少约 3％水分消耗的同时增产约 18％，而对于玉米，减少约 4％水分消耗的同时增产约 5％。调亏灌溉措施，采用 Yan et al.(2015)对小麦和玉米调亏灌溉实验的收集和汇总结果，采取非充分灌溉，ET 的显著减少通常伴随着产量的减少。如果严格控制水量，合理的减少耗水量的同时能够保持产量不变，甚至能实现产量的小幅增加。种植结构调整措施，对种植模式调整的分析着重是更换小麦—玉米轮作方式。综合措施，多种节水措施结合，意味着某一项技术能够消除或减小另一项技术的缺陷。将多种节水措施结合用于整个灌区分析，就小麦而言，推测其将节水 9%且增产 19%，对于玉米而言则是 6%和 13%。

通过对冬小麦分析，总体来讲，在每个产量分区内，高产子区较中产和低产子区，耗水量和 CWP 是最大的。从节水量来看，每个分区内，低产子区较高产和中产子区，节水效果最为显著，单位节水量最大。而对于 CWP 来说，各干区高产子区高于中低产子区。需要注意的是，对于 ET 来讲，节水效果最好的主要为高产子区，而对于产量来讲，节水意味着产量降低，CWP 变化取决于单产和 ET 变化幅度。仅考虑产量不减少的措施，结合作物分布面积数据，计算得到灌区 2 种节水增产技术的节水量。其中，覆盖/覆膜技术每年节水可达 3 534 万 m^3，综合节水措施每年节水量可达 7 501 万 m^3，采用覆盖技术能够产生显著的产量收益但节水相对较少，而采用综合节水措施能实现最大的节水效果和产量。如果在维持当前产量水平的同时允许按比例减少作物面积，针对综合措施进一步分析，冬小麦和玉米的节水量分别为 8 928 万 m^3 和 5 277 万 m^3。因此，主要作物总的节水潜力为 14 205 万 m^3。各分区高中低节水量存在明显的空间差异。根据相关数据统计得出石津灌区各个干渠控制面节水量总计 1 049.96 万 m^3，其中高产子区节水总量 780.07 万 m^3，中产子区节水总量 263.98 万 m^3，低产子区节水总量 5.91 万 m^3。节水量最大的子区为四干大田南干高产子区，节水量为 225.30 万 m^3。对于 6 大分区 18 个子产区来说，尽管低产子区单位面积节水量最大，但是面积占比最低，而各个分区的高产子区面积占比均超过各干区总面积的 60%，因此，节水量是所有子区中最大的。产量亦是如此，各干区低产区单产变化最大，但总变化最大的同为高产区。

通过项目的实施，掌握了石津灌区 2018～2020 年的作物种植结构、生物量、ET、水分生产率、节水效果和节水潜力等基本情况，通过不同的节水措施的分析，设定不同情景模式，预测节水效果。通过培训工作，将 IWEM 方法普遍科普到基层技术人员，为石津灌区选择节水方案提供了数据和技术支撑。

通过项目的实施，培养了多名研究生深入研究相关课题，推动了种植结构、生物量等遥感监测技术的进步。发表学术论文 5 篇，其中 SCI 论文 2 篇，为后续开展相关研究提供借鉴。最终得到石津灌区节水效果与节水潜力评价报告、项目技术报告、项目工作报告、各项数据培训材料等，以及 2018～2020 年石津灌区种植结构矢量数据、生物量数据、ET 数据及水分生产率等数据。

当前，基层一线技术人员对利用遥感开展耗水（ET）节水的监测很感兴趣，但对接问题仍存在困难。本期项目开展的技术培训工作仅使基层管理和技术人员了解了本项目相关的一些概念，如遥感 ET、水分生产率等，但对具体的监测流程和操作方法尚不清楚。未来将组织协调主流化推广项目参加单位联合开展技术培训和交流研讨，了解整个项目成果以及成果间的关系，技术培训以实践操作为主，便于一线人员了解新产品的基本使用步骤。项目组在开展调研和技术交流中，石津灌区技术人员提出，所使用的项目区边界有偏差，因此，未来相关的项目将由河北省石家庄市 GEF 项目办统一提供项目区边界数据，以更好推进项目工作开展对接。

4.2.2.3 建议

结合河北省石津灌区近 3 年的耗水量(ET)、水分生产率与节水效果以及水质分析结果，形成意见和建议如下：

1. 权衡“农业节水”与“稳产增产”目标

2014 年国家在河北省开展地下水超采区综合治理试点以来，河北省石津灌区投入各类资金约 22 亿元。具体实施后的节水效果如何，从耗水角度进行了分析。石津灌区实行双季轮作的耕作机制，以冬小麦和夏玉米为主导。由于玉米生长季在雨季，冬小麦灌溉水是灌区农田最大的用水耗水对象。本项目从耗水角度出发，通过近 3 年冬小麦种植面积、耗水、生物量的监测，发现灌区近 3 年节水效果显著，特别是 2020 年，虽然冬小麦 ET 较 2018 年明显增加，但由于同期冬小麦种植面积下降了 2.7%，使得小麦总耗水下降了 19.5%。作物种植面积对于灌区农田耗水是否减少起到了决定性的作用。然而，冬小麦面积的减少必然会影响到作物的产量。因此，如何在农业节水与稳产增产之间寻求一个平衡点，是灌区水资源综合利用与优化配置的关键环节。

2. 加强灌区水质监测，提高水质质量

相关部门需要认真进行污染源调查，密切注视水污染动向；加强横向联系，密切协作，共同做好水污染的治理工作；征收水利工程损失补偿费，促使污染尽快治理。

3. 灌区节水潜力仍有空间，农业节水的同时关注提高水分生产率

依据基于 CWP 的节水潜力分析，仅对低产子项目区冬小麦进行调控，提高 CWP 到各个子项目区平均水平，节水潜力达 5.91 万 m^3。而考虑农田实践，综合措施节水可达的节水量为 7 501 万 m^3，其中冬小麦为 4 400 万 m^3。2 种手段都表明，灌区农业节水潜力仍然存在空间。但是，“以不牺牲粮食为代价的耗水量减少”的农艺节水措施如何推广是面临的挑战。

秸秆覆盖和覆膜技术相比其他农艺措施相对简单，这 2 种技术推广力度较大，已经

推广了很大区域。综合节水措施节水中适度灌溉，除了提高灌区信息化建设水平外，对广大农民群众来讲，理解和接受新的技术并不容易，通过农业技术推广、农民用水户协会将试验区有效节水措施进行培训与宣传。

4. 提高全民参与的节水意识

从石津灌区管理局层面来讲，需要制定合理的政策框架，明确水资源利用边界（水权），限制无节制的、无补偿的水资源侵蚀行为，农民才会积极主动地去寻求"低投入高产出"的措施；通过发挥基于社区的农民用水户协会的作用，通过道德、信任、透明、可核查及水权交易方式推动广大农民群众的积极参与，重塑农民用水的社区管理方式，才是减少耗水的根本。同时加大对农民的教育投资，使其了解水资源危机的危害，意识到自己的利益与节水密切相关，不断提高节水意识。

4.3 在黄河流域内蒙古自治区河套引黄灌区开展水资源与水环境综合管理规划年度监测*

4.3.1 研究背景

本项目的推广区——内蒙古自治区河套灌区，是我国最大灌区之一。1998 年以来，内蒙古自治区河套引黄灌区启动了大型灌区续建配套与节水改造工程，以促进灌溉效率提升，但是从 20 世纪 90 年代开始，随着黄河上游来水量的锐减、用水量的增加，水资源短缺日益严重，导致用水矛盾突出，制约了该地区经济社会发展，而且灌区生态环境问题也没有得到改善。目前还缺乏对整个灌区实施基于耗水的水资源管理建设效果的综合监测评估研究。因此，在"GEF 水资源与水环境综合管理主流化模式研究子项目"和"水资源与水环境综合管理示范子项目"水资源与水环境综合管理新方法的操作手册与技术指南，以及示范性的重要应用成果基础上，该项目将借鉴河北省承德市和石家庄市水资源与水环境综合管理示范成果，以创新的方法，结合河套灌区特点开展水资源与水环境综合管理的监测与评估，并形成该灌区的技术手册，为灌区水资源与水环境可持续利用与管理提供重要支撑。

---

* 由李森、闫娜娜执笔。

4.3.2 研究内容和研究目标

基于以上内蒙古自治区河套引黄灌区背景和"全球环境基金水资源与水环境综合管理主流化项目"实施基础，本项目在内蒙古自治区河套引黄灌区基础资料收集基础上，开展灌区 ET、生物量和种植结构的现状监测，采用水资源与水环境综合管理新方法，开展灌区耗水量和耗水结构、水分生产率和水质分析，并针对主要节水措施开展节水效果评估和节水潜力综合评价；在"GEF 水资源与水环境综合管理主流化模式研究子项目"水资源与水环境综合管理方法操作手册与技术指南基础上，结合河套引黄灌区综合监测与评估内容编制针对该灌区的水资源与水环境综合管理技术手册，并进行技术培训，为河套灌区管理局及地方有关部门推进基于耗水的水资源管理提供技术支撑、意见和建议。具体目标分解为：① 向河套灌区管理局和利益相关者提供新的水资源与水环境综合管理(IWEM)方法技术培训。② 灌区蒸散、水分生产率、水污染监测与分析。③ 河套灌区节水效果分析与节水潜力评估。④ 为继续推广水资源与水环境综合管理(IWEM)方法提出意见和建议。设置的主要研究内容为：① 河套灌区 ET、生物量和种植结构数据集生产。利用收集的 250 m ET 和生物量数据集，基于 30 m 分辨率遥感地表参量数据，采用融合算法生产河套灌区 30 m 分辨率遥感 ET 和生物量数据，时间分辨率为月。利用多时相 30 m 分辨率遥感影像，制作河套灌区种植结构分布图。② 河套灌区耗水结构与水分生产率分析。采用"GEF 海河流域水资源与水环境综合管理项目"的技术方法，分析河套灌区、地区/县尺度不同类型耗水量及其所占比重在时间过程上的变化趋势；分析粮食作物和经济作物耗水比重变化对农业耗水的影响；分析农业种植结构调整对农业耗水的影响；分析退耕还林等政策对河套灌区生态耗水的影响；采用"GEF 海河流域水资源与水环境综合管理项目"的技术方法，利用遥感生成的耗水和生物量数据集，开展河套灌区主要作物(春小麦和玉米)的作物水分生产率的估算，并分析不同单元作物水分生产的空间差异，揭示水分生产率的影响因素，为该区域水分生产率提高提供决策支持信息。③ 河套灌区农田节水效果分析和节水潜力评价。根据灌区农业发展规划和生态建设项目，开展种植结构变化对灌区作物耗水总量的影响分析，通过项目实施前后耗水量、生物量、水分生产率变化综合评价种植结构调整、退耕还草还林项目的节水效果。通过整理分析主要农艺措施的节水效果，结合农田种植结构调整措施的节水效果，根据农业发展规划，评价河套灌区农业节水的潜力。④ 河套灌区主要渠道排水和水质分析。收集河套灌区农田灌溉主要渠道排水断面的排水量和水质信息，结合灌水信息，分析排水和水质信息的关系以及变化趋势。⑤ 河套灌区基于水资源与水环境综合管理新方法的技术培训。在水资源与水环境综合管理主流化模式研究子项目和水资源与水环境综合管理示范子项目成果的基础上，考虑该灌区的水资源和水环境的特点，编制基于新的水资源与水环境综合管理(IWEM)方法的操作手册，并为河套灌区管理局各级人员和利益相关者提供技术培训。⑥ 河套灌区推进水资源与水环境综合管理的意见与建议。为继续推广水资源与水环境综合管理(IWEM)方法“节水与治污”目标，提出灌区相应的对策建议。另外，根据技术培训的实施效果，对基于新的水资源与水环境综合管理(IWEM)方法在该灌区的推广进行总结，提出开展技术培训工作的有关意见和建议。

4.3.3 研究成果

完成河套灌区基础资料的收集与处理。根据河套灌区种植结构、ET、生物量生产的需要，分别获取了高低分辨率遥感数据以及气象数据，其中低空间分辨率数据主要为MODIS 原始遥感影像数据，AIRS 温湿廓线数据以及 NECP 大气边界层风速；中高空间分辨率遥感数据主要采用 GF－1、Landsat 8 OLI、Sentinel－1/2 数据；气象数据包括逐日的气温、压强、风速、相对湿度、日照时数等要素的获取。

完成河套灌区 2019 年小麦、玉米、葵花、西葫芦以及 2020 年小麦、玉米、向日葵、西葫芦生长季(6～9 月)7 次的种植结构调查，调查内容分别为生物量、高度、种植密度、灌溉方式以及产量。2019 年，小麦的种植密度为 328～944 棵/m^2，平均为 524.93 棵/m^2，区域差异较大，主要与灌溉条件和土质有关，收获时总得生物量干重为 712.52～1 542.60 g/m^2，平均为 1 084.61 g/m^2，小麦产量为 228.58～763.40 kg/亩，平均亩产为 442.76 kg/亩。玉米的种植密度为 3.93～9.73 棵/m^2，平均 5.93 棵/m^2，收获时总得生物量干重为 1 378.79～5 136.55 g/m^2，平均为 2 608.19 g/m^2，玉米产量为 355.37～951.89 kg/亩，平均亩产为 695.63 kg/亩。2020 年，小麦的种植密度为 352～756 棵/m^2，平均为 519.64 棵/m^2，与 2019 年调查的种植密度相差不大，收获时总得生物量干重为 402.80～1 402.00 g/m^2，平均为 902.32 g/m^2，与 2019 年相比，略小于 2019 年的干重，可能的原因是 2020 年提前了 5 天进行了收获。小麦产量为 230.50～853.47 kg/亩，平均亩产为 522.82 kg/亩，与 2019 年的产量相比，略高于去年的平均亩产。玉米的种植密度为 5.06～10.35 棵/m^2，平均 6.15 棵/m^2，同样与 2019 年的种植密度相仿，收获时总得生物量干重为 841.44～3 473.76 g/m^2，平均为 1 807.01 g/m^2，平均干重明显小于 2019 年的观测数据，这主要是因为 2020 年由于疫情原因，野外时间不固定，与 2019 年相比提前 10 天进行了观测，玉米产量为 280.62～

1 158.50 kg/亩，平均亩产为 602.63 kg/亩，同样与 2019 年相比，略低于 2019 年的产量，原因也是提前 10 天收割。

通过 2019～2020 年实地采集的 8 966 个样本点，将野外采集的作物样本数据集上传至 Google 云中，建立作物分类样本训练和验证数据库，之后，利用 GEE 强大的遥感数据处理能力，机器学习强大的作物分类特征挖掘能力，设计了光学和雷达时间序列影像耦合的河套灌区作物种植结构分类模型，开展作物种植结构的在线分类和精度评估。基于混淆矩阵评价方法，分类的总体精度在 0.85 以上，kappa 系数为 0.79～0.81，其中大宗作物葵花的精度在 0.86～0.94 之间，玉米精度在 0.78～0.85 之间，小麦精度在 0.72～0.97 之间，西葫芦精度在 0.71～0.85 之间。

基于国家级灌区 ET 监测和管理平台的遥感 ET 系统，结合处理后的遥感数据和气象数据，生产出河套灌区 30 m 分辨率 2018～2020 年各月和全年的蒸发蒸腾数据，3 年年平均 ET 为 617.63 mm。基于收集到的作物分布数据集，开展了 2018～2020 年河套灌区 30 m 分辨率的遥感 ET 数据对应的不同作物类型的统计结果，西葫芦平均年 ET 为 327.9 mm，玉米为 406.07 mm，向日葵为 338.23 mm，ET 运算结果表明，国家级灌区 ET 监测和管理平台的遥感 ET 系统具有很好的实用性，完全满足河套灌区对 ET 生产的需求。同时，在应用平台进行河套灌区 ET 生产的工作中发现该平台更加便利地进行数据的处理工作，大大地节省了数据处理的时间，总体来说，该平台运行稳定，效果较好。同时，通过该平台完成河套灌区 2018～2020 年作物生物量的遥感估算，得到灌区 30 m 分辨率的生物量，结果表明平均生物量为 2 119.18 kg・C/hm^2。从空间分布分析，河套灌区总体上西部地区生物量大于中东部地区，而根据调查结果，西部地区小麦、玉米分布较广，而中东部主要以葵花为主。而随着玉米种植面积的缩小和葵花种植面积的扩展，2020 年河套西部地区的作物生物量发生较明显减少。此外生物量在空间上的缩减分布和玉米的缩减与葵花的扩张相一致。通过生物量在平台上的运算表明，该平台更加便利的进行生物量数据的处理工作，大大地节省了数据处理的时间，平台运行稳定，效果较好。

利用《巴彦淖尔水资源公报》数据，从河流水质、地下水水质、乌梁素海水质和河流泥沙含量 4 个方面分析河套灌区水质变化，结果表明，河流水质多数月份为Ⅲ类水质，少数月份为Ⅴ类水质，主要超标项目为化学需氧量、氨氮、总氮等，从变化趋势上分析，近年来水质有变好的趋势；而从总排干沟排入乌梁素海水多年超Ⅴ类水质标准，主要超标项目是化学需氧量、总磷、氨氮和总氮。河套灌区地下水多年平均矿化度 3.65 g/L，总体上呈增加的趋势。河套灌区引黄河水多年平均含沙量为 0.25 kg/m^3，多年引黄河水平均带入泥沙年总量为 111.06 万 t，总体上呈下降的趋势。

基于平台生产的蒸散发数据和生物量数据，按照水分生产率计算方法，生产出 2018～2020 年河套灌区各月及年际的 30 m 植被水分生产率结果，并统计了各月作物的平均水分生产率和全年平均水分生产率。结果表明，河套灌区 3 年平均生物水分生产率为 3.29 kg・C/m^3；从作物水分生产率分析，葵花 3 年水分生产率平均值为 1.09，玉米为 2.55，小麦为 2.11，玉米水分生产率最高，其次是小麦、葵花。其中玉米水分生产率高是因为玉米的单株产量相对于其他两者较高，种植密度相对适中；小麦单株产量虽小，但在单位面积上可以有较为密集的种植；葵花不仅种植密度较小，且其主要果实为葵花子，又因葵花子干重较轻，使得整体产量较小，但其经济价值较高，耐盐碱，故在水分利用率较低的情况下仍有大面积种植。对河套地区葵花、玉米、小麦 2018～2020 年 3 年的作物产量和生长期 ET 数据进行耗水和产出分级，分为低产出/低耗水、低产出/高耗水、高产出/低耗水、高产出/高耗水。结果表明，3 年来，河套灌区的作物产出与耗水量趋向相对平衡状态。从作物类型分析，葵花的用水效率较其他两种作物相对更加平衡，小麦的高产出低耗水面积占比 3 年均最高，其次为玉米，葵花最低。同时小麦的低产出高耗水面积占比总体亦为最大，而玉米的此类产耗组合面积占比则最低，表明不同地区间的小麦用水效率存在较大差异。

根据河套灌区农业发展规划，结合当前不同作物耗水量信息，以及上述节水措施的节水效果分析，设定合理的情景方案，分析不同方案对农田耗水总量和产量的影响，综合评价灌区农业节水的潜力。河套灌区的灌溉方式主要为用来自黄河和水井的渠水进行漫灌，部分农户会进行滴灌，大多数作物(包括玉米、葵花等)耕种时会进行覆膜，但成规模的节水措施并没有形成。河套灌区的节水能力的提高主要来自种植结构的变化，3 年主要的变化由耗水量高的玉米转变为耗水量更少的葵花和西葫芦，其中 2018～2019 年节水 0.42 亿 m^3，2019～2020 年节水 0.08 亿 m^3。

在水资源与水环境综合管理方法操作手册与技术指南资料收集基础上，借鉴河北省承德市和石家庄市水资源与水环境综合管理示范水资源与水环境综合管理规划(IWEMPs)成果形成的方法和经验，考虑内蒙古自治区河套引黄灌区的水资源和水环境的特点，以及上述分析评估的重要成果，编写技术培训教材，为河套灌区管理局各级人员和利益相关者提供技术培训。

针对以上种植结构、作物 ET、生物量、水分利用效率、水质及节水潜力的评价和分析，梳理了目前河套灌区水资源与水环境综合利用存在的问题。主要包括：① 农民节水意识在增强，但主动性还没有完全调动起来。② “两水”统一管理没有实现，影响黄河水资源的合理配置和高效利用。③ 灌溉面积扩大，农业节水难度增加。④ 用水总量指标不足，难以满足农业用水需求。⑤ 总干排农业非点源污染加剧。由以上 5 个亟待解决的问题，总结了河套灌区水资源与水环境综合管理的建议：① 加大宣传，推进用水户参与。② 把实施最严格的水资源管理制度落到实处。③ 发展节水生态农业，调整种植结构，提高水分生产率。④ 加强计划用水与调度管理，合理配置水资源。⑤ 探索秋浇灌溉措施，降低非生育期用水量。⑥ 大力推广节水新技术，提高水的利用率。⑦ 扶持农牧民用水合作组织创新发展，提高群管组织管理效益。⑧ 细化测流量水，调动农户节水的积极性。

总之，通过项目 3 年的实施，基本上摸清了内蒙古自治区河套灌区的种植结构，以玉米和向日葵为主，验证了国家级灌区 ET 监测和管理平台的遥感 ET 系统在河套灌区的实用性和可推广价值，并基于此生产完成高时空分辨率的灌区 ET 和生物量数据。通过生产的数据，进行了水分生产率、耗水结构、节水潜力评估，揭示了河套灌区水分生产率、耗水结构的时空分布，阐述了不同作物类型的水分生产率和耗水结构，并在此基础上，结合野外调研，阐明了河套灌区节水潜力的方向。最后综合以上野外调查和评估分析，编写灌区作物水分生产率分析和灌区作物水分生产率分析培训教材，为河套灌区管理局各级人员和利益相关者提供技术培训，提出灌区水资源与水环境综合管理能力建设的意见和建议。